U0176239

低渗透油田采油新技术研究

郭红霞　陆建峰　靳广兴　著

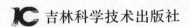
吉林科学技术出版社

图书在版编目(CIP)数据

低渗透油田采油新技术研究 / 郭红霞,陆建峰,靳
广兴著. -- 长春：吉林科学技术出版社，2022.9
ISBN 978-7-5578-9800-7

Ⅰ. ①低… Ⅱ. ①郭… ②陆… ③靳… Ⅲ. ①低渗透
油层－石油开采 Ⅳ. ①TE348

中国版本图书馆CIP数据核字（2022）第179525号

低渗透油田采油新技术研究

著	陆建峰　郭红霞　靳广兴
出 版 人	宛　霞
责任编辑	刘　畅
封面设计	李若冰
制　　版	北京星月纬图文化传播有限责任公司
幅面尺寸	170mm×240mm
字　　数	213千字
印　　张	12.5
印　　数	1-1500 册
版　　次	2022年9月第1版
印　　次	2023年3月第1次印刷

出　　版	吉林科学技术出版社
发　　行	吉林科学技术出版社
地　　址	长春市福祉大路5788号
邮　　编	130118
发行部电话/传真	0431-81629529 81629530 81629531
	81629532 81629533 81629534
储运部电话	0431-86059116
编辑部电话	0431-81629518
印　　刷	三河市嵩川印刷有限公司

书　　号	ISBN 978-7-5578-9800-7
定　　价	90.00元

版权所有　翻印必究　举报电话：0431-81629508

作者简介

郭红霞，女，汉族，1971年2月出生，河南濮阳人，1993年本科毕业于西北大学石油与天然气开发专业，2004年硕士毕业于中国石油大学矿产普查与勘探专业，现任西安锦江能源科技有限公司总地质师，教授级高级工程师。主要研究方向：油气田开发、油藏数值模拟。从事油气田开发研究工作近30年，期间获得国家级科技进步奖二等奖1项、省部级科技进步奖二等奖2项、市级科技进步三等奖5项；发表专业论文20余篇，主持局级课题多项。

陆建峰，男，汉族，1963年9月出生，河南开封人，1986年本科毕业于江汉石油学院石油地质专业，1998年硕士毕业于中国地质大学石油与天然气工程专业，现任西安锦江能源科技有限公司总经理，高级工程师。主要研究方向：油气田开发、三维地质建模。从事油气田开发研究工作30余年，期间获得省部级科技进步奖二等奖2项、市级科技进步奖二等奖6项；发表专业论文10余篇，主持局级课题多项。

靳广兴，男，汉族，1961年10月出生，河南濮阳人，1984年本科毕业于中国地质大学地质专业，2003年博士毕业于中国地质大学能源地质工程专业，现任西安锦江能源科技有限公司总工程师，教授级高级工程师。主要研究方向：油气田开发、沉积研究。从事油气田开发研究工作30余年，期间获得省部级科技进步奖二等奖4项、市级科技进步奖二等奖10项；发表专业论文20余篇，主持局级课题多项。

前　言

随着全球石油需求量的持续增长,中高渗透油气资源的不断减少,低渗透油田的探明及开发比重日益增长。我国在长期生产实践和科学研究过程中取得了不少新的认识和经验,使得低渗透油藏的储量和产量逐年增加。但已开发的低渗透油田如何进一步改善采油技术,提高效率;未动用的低渗透储量如何尽快有效地投入开发,这些问题的解决对保持我国石油工业持续稳定发展有着重要的意义。

本书以"低渗透油田采油新技术研究"为选题,探讨相关内容。全书共分为六章,第一章阐述低渗透油田的基础特性,内容包括低渗透油田的地质特性、低渗透油田的渗流特性、低渗透油田的开发特性、低渗透油田的高质量发展战略;第二章分析低渗透油田的采油技术,内容涵盖低渗透油田的物理法采油技术、低渗透油田的化学法采油技术、低渗透油田的微生物驱油技术;第三章论述低渗透油田的优化技术与改善对策,内容涉及低渗透油田的注水优化技术、低渗透油田的储层保护技术、低渗透油田的采油改善对策;第四章解析低渗透油田的地面工程优化,主要包括低渗透油田的油气集输技术、低渗透油田的管道维护技术、低渗透油田的地面工程总体优化方案;第五章研究超低渗透油藏的优化技术,内容包括超低渗透油藏的基础特性、超低渗透油藏的智能化开采技术、超低渗透油藏的水平井优化技术;第六章探索海上低渗透油田及其有效开发,内容涉及海上低渗透油田的特点与影响因素、海上低渗透油田的储量品质评价体系、海上低渗透油田的有效开发策略。

本书针对低渗透油田的特性,将理论与实践、地质和工程以及技术和经济等诸多环节结合起来,内容注重理论性、创新性和实用性,为采油技术的改善提供理论支持,为相关人员的学习工作拓展思路。

本书由郭红霞、陆建峰、靳广兴编写,具体分工如下:

第一章、第二章:郭红霞(西安锦江能源科技有限公司),共计约 11 万字;

第三章、第五章:陆建峰(西安锦江能源科技有限公司),共计约 5 万字;

第四章、第六章:靳广兴(西安锦江能源科技有限公司),共计约5万字。

笔者在编写本书的过程中,得到了许多专家、学者的帮助和指导,在此表示诚挚的谢意。由于笔者水平有限,书中所涉及的内容难免有疏漏之处,希望各位读者多提宝贵的意见,以便笔者进一步修改,使之更加完善。

目　录

第一章　低渗透油田的基础特性

第一节　低渗透油田的地质特性

我国发现和探明的油藏主要集中在中生代与新生代陆相沉积盆地中，与世界上油气主要集中在海相沉积盆地中有着明显的差别。陆相沉积油气藏的一个重要地质特性就是非均质严重。

一、低渗透储层的成因与沉积特性

(一)低渗透储层的成因种类

低渗透储层在陆相储层的比例，随着勘探技术及改造油层技术的提高将逐年增加。研究低渗透储层成因对发现和开发低渗透储层有着重要意义。通过对我国陆相低渗透储层的研究看出，成因是多方面的，但主要与储层沉积相及成岩作用密切相关。

1. 低渗透储层的沉积成因

岩石颗粒的成分、大小、分选、排列和组合，胶结物的成分、含量及胶结类型等都与物源和沉积环境密切相关，这些因素均影响储层的渗透率。一般低渗透储层可由不同沉积相形成，但多属于近源沉积和远源沉积。

(1)近源沉积。储层离物源区较近，未经长距离的搬运就沉积下来，这样碎屑物质颗粒大小相差悬殊，分选差，不同粒径颗粒堆积在一起，不同粒径颗粒及泥岩充填在不同的孔隙中，使储层总孔隙及连通孔隙都大幅度减小，形成低渗透储层。冲积扇相沉积属于这一类型。冲积扇沉积是在山地河流的出山口，坡度变缓，宽度扩大，加上地层滤失，水量减少，流速急速变小，河水携带的碎屑物快速堆积成扇体沉积。

（2）远源沉积。储层沉积时离物源区较远，水流所携带的碎屑物质经长距离的搬运，颗粒变细，悬浮部分增多。沉积成岩后，形成粒级细、孔隙半径小和泥质（或钙质）含量高的低渗透储层。此类储层在坳陷型大型盆地沉积中心广泛发育。如大庆朝阳沟油田、榆树林油田及头台油田，吉林新民油田、新立油田、大安油田、乾安油田及新庙油田等。

2.低渗透储层的成岩作用

除沉积成因以外，沉积后的成岩作用对储层物性起着重要作用。"成岩过程中的压实作用和胶结作用使岩石原生孔隙度减小，特别是成熟度低的岩石，由于孔隙度大幅度减小，容易变为低渗透储层。"[①]

碎屑岩形成低渗透储层的成因，除沉积成因以外，沉积后的成岩作用及后生作用对储层物性起着重要作用。储层在压实作用、胶结作用以及溶蚀作用下，储层的孔隙度和渗透率不断发生变化。

（1）压实作用。在上覆沉积物及水体静水柱压力作用下，使沉积物孔隙空间和总体积减小。随着埋藏深度的增加，上覆压力增大，砂岩的孔隙度明显减少，特别是浅层到中层，减少幅度较大，到达一定深度后减弱。常见的压实现象包括：脆性矿物破裂，片状矿物压弯，塑性组分变形，以及颗粒接触面增大，由点接触变为线接触、凹凸接触及缝合线接触，使颗粒更加紧密排列，其结果使物性变差。

（2）胶结作用。由于沉积物中矿物质的沉淀作用，使散砂变成固结的岩石，同时使砂层的孔隙度和渗透率大幅度减小。常见的胶结作用有石英次生加大、碳酸盐胶结作用、硫酸盐胶结作用及沸石胶结作用。

（3）溶蚀作用。溶蚀作用是储层形成次生孔隙的主要原因。一些致密层由于溶蚀作用，能增加储层的孔隙度，可以形成低渗透储层和一般储层。最重要的可溶矿物是碳酸盐、长石和岩屑。溶蚀所需要的大量酸性水可来自：混合黏土矿物转化释放大量层间水；有机质经热转化达到成熟后，生成大量有机酸、二氧化碳和水；黏土与碳酸盐反应形成二氧化碳；长石风化成高岭石，也可生成大量 HCO_3^-。

（二）近源沉积低渗透储层特性

（1）山麓洪积扇沉积——砾岩储层。山麓洪积扇沉积碎屑储层沿准噶

① 苏玉亮，郝永卯.低渗透油藏驱替机理与开发技术[M].东营：中国石油大学出版社，2014:1.

尔盆地西北缘沉积了厚逾 2000m 的冲积扇相为主的磨拉石建造,并形成油藏。

(2)水下扇沉积砂碎岩储层。水下扇发育于湖盆边缘浅水环境中,是由水下重力流形成的扇形砂砾岩体。

(3)湖底扇重力流沉积。大港油田马西深层储层属湖底扇重力流典型沉积。该油藏位于黄骅坳陷盆地内部,在燕山褶皱带与埕宁隆起之间,紧临物源,边界断层活动强烈,岸坡短陡,持续快速下陷,导致剥蚀地区碎屑由洪水直接搬运入湖,形成重力流砂体沉积。入湖后的重力流受水下地形的控制。马西深层紧临港东主断层,处于断槽部位,一直保持深水环境,断裂带成为陡坡带,下降侧形成湖底凹槽,碎屑物质顺坡沿槽流下,呈透镜状或椭圆状分布,形成典型的重力流水道砂沉积。

(三)远源沉积低渗透储层特性

1. 河流相沉积

以大庆榆树林油田扶扬油层为例,榆树林油田扶扬油层为远源河流-浅湖相沉积,地层厚度 450～565m,砂泥岩互层,平均砂岩厚度约 40m,共划分为 6 个油层组 39 个小层,其砂体分布特性如下:

在纵向上砂岩分布较少,仅占十分之一左右,一般发育 4～23 层,单层厚度 2～5m,最大单层砂岩厚度 11.4m,总厚度 40m。油层一般是 2～16层,厚度 3.3～40m,平均 17.3m。

在平面上,砂岩的厚度变化大,主力油层不稳定,非主力油层的分布更加零星。

2. 三角洲相沉积

以吉林新民油田为例,新民油田扶余油层属三角洲沉积,水下河道异常发育,处于松辽盆地坳陷阶段第一次扩张晚期。南部的怀德—长春水系在本区注入湖区,形成了滨浅湖背景下的浅水三角洲沉积。其沉积具有如下特点:砂岩为正韵律,砂岩厚度变化大,岩心中见到古生物化石及深灰色泥岩的存在,紫红色泥岩含量大于灰色泥岩含量,古植物化石极少,除河道砂岩外,伴生有小型反粒序的薄层砂,无厚层前缘砂体。

远源沉积的砂体与近源沉积的砂体有明显的差别,且恰好相反。远源沉积的砂体在剖面上以泥岩为主,砂体占的比例很低,呈薄层零星透镜状分布,平面上呈条带状和透镜状分布,砂体极不稳定。由于岩性的变化,可形成构造圈闭或岩性圈闭油藏。而近源沉积的砂体,在剖面上以砂砾岩为主,平面上稳定分布。

(四)成岩作用形成的低渗透储层特性

成岩作用对储层的物性影响极大,可以对原生孔隙充填堵塞,形成低渗透层或致密层;也可在形成低渗透层或致密层的基础上溶蚀形成次生渗透层或低渗透层,但不能改变原有砂体的形态特性。砂体分布特性受物源及沉积环境的控制,不同沉积相的砂体分布特性不同。

1. 压实、胶结作用形成的低渗透储层

例如长庆马岭油田南二区储层,主要为延安统延 10 和延 9 油层。延 10 油层为典型河流相沉积,砂岩厚度一般为 10～25m,平均有效厚度 2.4m,平均渗透率为 2.66mD,油层连片性差,油砂体分散。本区有 8 个油砂体,单井控制的有 6 个,最大油砂体的面积 3.5km²。延 9 油层为平原三角洲相沉积,仅有一个油砂体,油层连片性好,分布面积较大,有效厚度是 6.4m,平均渗透率为 43.4mD。形成低渗透储层的主要原因是压实作用和胶结作用。

2. 压实胶结及溶蚀作用形成的低渗透储层

陕甘宁盆地广泛分布三叠系延长组及侏罗系延安组低渗透油层,其成因主要是成岩作用强烈,造成储层储油物性差。如延长组主要储油层段为长 6 油层,厚约 120m,为浅灰色与褐灰色细砂岩和粉细砂岩,夹深灰色泥岩,属三角洲前缘相沉积。向东到子长一带岩性变粗,以细砂岩及中砂岩为主,夹深灰色砂质泥岩,属三角洲平原相沉积。

长 6 砂岩碎屑岩成分以长石为主,长石占 60%,石英 25%,岩屑、云母及重矿物占 15%,属岩屑长石砂岩。分选好,成岩作用强烈,储层物性差,孔隙度小于 11%,渗透率小于 1mD。

根据埋深和镜质体反射率(0.61%～0.90%),延长组已达到中成岩成熟期,沉积物经历了一系列成岩作用后,成分发生了很大的变化。

成岩作用导致孔隙发生变化。长 6 层原生孔隙约为 35%,经压实、自生绿泥石析出、压溶以及长石和石英次生加大,使孔隙度下降到 17.5%;再经浊沸石及碳酸盐充填,使孔隙度下降到 7.1%,形成了极低渗透层;又经浊沸石胶结物及其他组分的溶蚀,使孔隙度回升到 12.9%。其中,浊沸石溶孔达到 5.2%。可见浊沸石的充填和溶蚀,对形成储层或非储层起到突出作用。

二、低渗透储层岩性和物性特性

（一）岩性（岩石学）特性

（1）低渗透油层的粒度参数。低渗透层的粒度分布范围宽，因而颗粒混杂，分选差，悬移物质高（15％～90％）。而中高渗透油层，其粒度分布范围窄，分选好，悬移物质低（15％～30％）。

（2）岩石的矿物成分。油气储层的岩石类型及其矿物成分与母岩性质、风化强弱和搬运距离远近有关。来自富长石母岩区的沉积物，容易形成长石砂岩；来自高地及快速堆集的沉积物，容易形成岩屑砂岩；来自沉积岩及变质岩富石英的母岩区的沉积物，容易形成石英砂岩。一般而言，近物源区富含岩屑和长石，远离物源区，依次减少岩屑及长石，相对石英比较集中。低渗油层的岩矿成分总体有三大岩类，西部岩屑为主，东部长石为主，间有特殊环境沉积的石英砂岩油层。

（3）碎屑颗粒形态和颗粒接触关系。

1）颗粒形态。油层砂岩的颗粒形态是碎屑岩最显著的特性之一，它包括圆度、球度和形状三方面的内容。三者之中，以圆度最为重要，是岩矿工作者经常描述的主要内容，其他两种只有在特殊要求下才加以描述。

2）岩石颗粒的接触方式。岩石颗粒的接触方式分为：①漂浮颗粒；②颗粒呈点状接触；③颗粒呈线接触；④颗粒呈凹凸接触；⑤颗粒呈缝合线接触。颗粒的接触方式取决于成岩历程，当沉积物埋藏之后，随着上覆压力增加和温度变化，颗粒由漂浮到点接触—线接触—凹凸接触的变化。

（4）胶结物和胶结类型。砂岩中的胶结作用是指颗粒间的彼此连接过程，它反映岩石颗粒间填隙物和沉淀物，颗粒的溶解和沉淀的总面貌。

低渗碎屑岩中的胶结物共有六大类：黏土矿物、碳酸盐、硫酸盐、硅酸盐、沸石类和铁质类。油层中的胶结物含量越高，物性越差，微孔发育，束缚水饱和度高，在低渗透油层中更是如此。

黏土矿物是最重要的胶结物质，黏土矿物的主要成分有蒙皂石、伊利石、高岭石、绿泥石及少量混层矿物。

油层砂岩中的胶结类型与沉积方式和胶结物含量及成岩压实作用有关。胶结类型有基底型、孔隙型、接触型、薄膜型和镶嵌胶结型，以及二者的过渡形式型。它是疏松岩石逐渐固化，变为坚硬而致密岩石过程中出现的。

一般来讲,在中高渗透油层中,胶结类型比较简单,以孔隙型为主;但在低渗透油层中,胶结类型比较复杂。

(二)物性特性

1.孔隙度和渗透率

就一般油层物理性质而言,孔隙度大的样品,其渗透率相对也大,孔隙度和渗透率之间呈线性关系。孔隙度和渗透率随着上覆压力的增加,测定值减小,变化趋势并非一条直线,而是指数函数曲线,确定这类非线性关系的指数函数的方法为非线性回归分析。

对孔隙度和渗透率做压实校正时,最好是根据大量实测样品值,建立与对应岩样实际深度值之间的相关关系式。采用最小二乘法拟合其实测数据,以确定函数式中的各个系数值。

2.低渗透储层的油水饱和度

(1)低渗透储层含油饱和度的一般情况。总的趋势是我国低渗透储层含油饱和度比较低,一般为 $55\%\sim60\%$,但各油田之间差别比较悬殊。含油饱和度最高的为文东油田盐间层,达到 72%,最低的为克拉玛依油田八区乌尔禾油藏,只有 45%,绝对值相差 27%。现场生产资料常见到饱和度的高低随油层渗透率的大小而变化,如文东盐间层渗透率就比八区乌尔禾层高。但这不是严格规律,实际情况并不尽如此。

含油饱和度的高低不单纯是渗透率的因素,而是地质历史时期中,油气运移的驱动力(油水密度差)、油气运移的油(气)柱高度、油层的毛细管阻力大小、油水界面张力及油层的润湿性等多种因素的影响结果。

(2)影响含油饱和度的主要因素。

1)浮力——油气运移聚积的驱动力。在地层条件下由于油(气)与水的密度差而产生的油(气)向上运移的力量称作浮力。浮力的大小取决于地下油(气)与水密度差和油(气)柱的高度。油(气)水密度差越大,油(气)柱越高,浮力就越大,越有利于油(气)的运移、聚积和含油(气)饱和度的提高。

2)毛细管力——油(气)运移过程中的阻力。碎屑岩储层空间是由许多大小不等的细小喉道相连的孔隙组成的,这种孔隙喉道体系一般称为毛细管。通常原始情况下,地层为水所饱和,水是润湿相,地层表面性质是亲水的。油是后来向油藏储层中运移的,是非润湿相。油与水互不相溶的结果,在储集岩毛细管中就形成一个界面。在界面两侧承受的压力不同,当油驱替水时处在凹面的一侧,承受的压力大;水处在凸面的一侧,承受的压力小,这种压力差就称为毛细管压力。油(气)进入孔隙喉道半径,必须克服毛细管阻力。毛细管喉道半径越小(一般渗透率亦低)阻力越大,油(气)越难进入,因而含油饱和度越低,毛细管喉道半径越大,阻力越小,油容易进入,含油饱和度越高。

3)水动力。水动力既可以是驱动力,也可以是阻力,决定于地下水流动的方向。当水是向上倾方向流动,即与浮力方向一致的时候,就是驱动力,使油水浮力梯度增大,油可以进入更小的孔隙,提高岩石中的含油饱和度。当水是向下倾方向流动,即与浮力方向相反的时候,增加阻力,抵消了部分浮力,使油(气)难以进入较小的孔隙,因而不利于含油饱和度的提高。

4)构造作用力。构造作用力主要是指构造圈闭高度对油气聚积的影响。油层渗透率越高,含油饱和度也越高,含水饱和度低;在渗透率相近的条件下,油柱越高,油水密度差越大,油层含油饱和度也越高,含水饱和度低。

低渗透油田含油饱和度的总趋势和规律:

第一,在渗透率相近条件下,油层的油柱愈高,原始含水饱和度愈低;在油柱高度相近条件下,渗透率愈高,原始含水饱和度愈低。

第二,含油饱和度高(>65%)的油田,原油密度小,渗透率相对较高,孔隙结构好,驱动力(浮力)较大,阻力较小,因而原油进入孔隙较多,饱和度较高,主要有文东盐间层、马西以及尕斯库勒等油田。

第三,含油饱和度低(<60%)的油田,原油密度大,渗透率低,孔隙结构差,驱动力(浮力)小、阻力大,油(气)进入孔隙少,因而饱和度低。主要有克拉玛依油田八区乌尔禾组,新民、新立油田等。

第四,在同一深度内,油柱高度相近,渗透率大的含油饱和度高,含水低,反之则差。

第五,在纵向不同深度内,渗透率相近,油柱高度不同,地层越深,含水饱和度越高,如大庆油田,渗透率为 1000mD 时,在 900m 深度内,含水饱和度小于 15%;当深度达 1200m 时,含水饱和度达 25% 以上。

在同一油水界面上,渗透率高的含油饱和度高,反之则低;地层深度大的含水饱和度高,反之则低。这些规律符合油(气)二次运移的理论解释,如用毛细管压力曲线和相渗曲线,确定油水分布时,在纵向上可以分为三个带:最上为纯油带,中间为理论过渡带和实际油水过渡带;只有在实际油水过渡带内,才油水同出;最下为含水带。

(三)孔隙结构特性

1.孔隙空间形态结构特性

(1)孔隙空间形态结构研究方法。研究储集孔隙空间形态结构的方法称为铸体技术。即将带色的注剂(如低熔点的伍德合金、有机玻璃单体或环烷树脂)在真空状态下注入岩石空间,并在高温(90℃以上)、高压(30MPa)下固化,然后制成铸体薄片或孔隙骨架。在偏光镜、图像分析仪或扫描电镜下,直接描述储集岩的孔隙与喉道形态和大小分布特性、孔喉连接方式和孔喉配位、孔隙定量解释参数(平均孔隙直径、最大孔隙、孔隙分选、孔隙度及比表面积)。在孔隙定量参数的研究中,一般采用截面弦法及椭球段节模型,在图像分析仪上进行数字处理。

(2)孔隙类型。关于储集岩的孔隙类型有多种分类方法,我国油田最常用的孔隙分类为混合分类法。低渗砂岩油层的孔隙主要有五种类型:粒间孔、溶蚀孔、微孔、晶间孔及裂隙孔。

(3)孔隙空间形态结构特性。通常富含杂基的砂岩有丰富的微孔,渗透率低,束缚水饱和度高。孔隙空间形态结构有以下特性:

1)中高和中低渗透储层:粒间孔 60% 以上,溶孔次之,以大孔、中孔为主,粗—中细的点状,缩颈喉道连接的孔隙网络。

2)低渗透和特低渗透储层:以中孔和小孔为主,溶孔约占 50% 以上。连接孔隙的喉道以管状和片状的细喉道为主,二者合计约占 72.8%～85.7%。

(4)低渗透储层中的孔隙喉道组合。

1)孔隙组合:以溶孔为主(40%～70%),粒间孔次之(<25%),微孔在 35% 以下,而且随着渗透率和孔隙度的降低,微孔有增加的趋势。

2)孔隙大小和喉道粗细组合:以中小孔隙和中细喉道组合(主)连接的孔隙网络是低渗和特低渗透储层中的主要类型。另外,在特低和超低渗透油层中,也出现以小孔、细喉及微喉连接的孔隙网络,或出现裂隙,它们的组合非常复杂,在油田开发中有更大的难度。

2.微观孔隙结构特性

(1)微观孔隙结构研究方法。虽然在研究孔隙和喉道的几何形状、大小和互相配置关系方面,铸体图像孔隙有其重要作用和直观的效果,但其分辨率低。文献资料指出,孔隙介质的毛细管力作用可以把孔隙划分为超毛管孔、毛细管孔及微毛管孔。因此,毛细管压力测定就是研究微观孔隙结构的另一种最为省时省力的好方法。

（2）毛细管压力曲线特性。一块岩样的毛细管压力曲线，不仅是孔径分布和孔隙体积的函数，也是孔喉连接方式的函数，更是孔隙度、渗透率和饱和度的函数。毛细管压力曲线的主要组成部分越是接近纵横坐标轴，微观孔隙结构越好，渗透率越高，排驱压力越低；越是远离纵横坐标轴，微观孔隙结构越差，渗透性越差，排驱压力越高。各种曲线的特点如下：

1）高渗透油层的曲线，近似平行两个坐标轴，平坦段比较明显；随着渗透率的降低，曲线向右上方移动，平坦段变陡，有的不显平坦段；特别在低渗透油层中，曲线的尾部和纵坐标轴有斜交的趋势。

2）高孔渗的退汞效率比低孔渗的高。反映出高孔渗样品的孔隙滞留少。

3）曲线的排驱压力及孔喉半径，随渗透率的降低，压力增大，孔喉变小。

（3）低渗透储层微观结构主要分类特性。根据这一特性把全国低渗透砂岩油层划分为五大类，其特性为：

1）描述微观孔隙结构的主流半径小，最好的油层也只有 $2.4717\mu m$；平均孔喉半径细，在中细喉道范围内；孔喉分选差；开采较困难。

2）描述微观孔隙结构渗流能力的排驱压力大于 $0.2362MPa$，岩石致密。最大孔喉半径也不过 $3.175\mu m$，表明为低渗透油层类型。

3）只有提高生产压差，才能获得较高的采收率。

（四）表面物理性质特性和水驱油效率

一般油层在经过水驱之后总留有较多的残余原油，它是由油层的表面物理性质，包括各种毛管力、润湿接触角、润湿性、界面张力、比表面积及黏结力等复杂物理现象造成的。多相流体在岩石孔隙中的渗流性质——相对渗透率，也取决于这些物理性质。

1. 润湿性

（1）原理。固体表面的润湿性是以附着张力来量度的。附着张力是表面张力的函数，它是油-固相界面和水-固相界面的界面张力差。附着张力可以表现润湿相黏附固体表面的能力，以及沿固体表面延展的能力。

（2）实验方法和评价定量标准。岩石的表面润湿性可以用离心法、接触角法或自吸法测定。油田上多数用自吸方法。自吸方法：基于油、水及岩石三者间的选择性润湿特性，即油和水与孔隙介质接触时，由于界面能的差异，一种流体较另一种流体更能润湿岩石表面，并自发地从油层中的岩石表面将另一种流体排开,其排出量的多少可以用来计算润湿指数。

(3)低渗透油层砂岩的润湿特性。油层砂岩的润湿性,除了岩石矿物成分本身的润湿特性和表面粗糙程度之外,还取决于润湿相的饱和顺序。一般来讲,油层首先为水饱和,则岩石具亲水性,如果首先为油饱和,则岩石具亲油性。低渗砂岩油层的润湿性以亲水为主,油层的润湿性是地质历史中各种因素作用的综合反映。采用单因素分析,低渗透油层的润湿性具以下特性:

1)油层的润湿性,首先由饱和顺序决定。油层最先为水饱和,因而为水润湿性质。当烃类运移来之后,油首先占据大孔隙;当运移力和油层的毛细管力相等时,油气停止流动。低渗透油层的特点是小孔细喉及微孔丰富,胶结物中黏土矿物以伊利石为主,岩石的亲水性增强。

2)油是一种极性物质,在地质历史中长期作用的结果使原油中极分子的一端转向岩石表面,将水膜驱替变为油膜。特别是中高渗透层的大孔隙更是如此,容易形成油润湿或部分油润湿。因此,油层润湿性质的变化可能与此有关。

3)油层中的黏土矿物绿泥石增高,也会引起油层润湿特性的变化。

2.比表面积

岩石的比表面积是指单位质量或单位容积的多孔物质中孔隙的内表面积,它是量度岩石颗粒分散程度的物理参数,一般岩石颗粒越细,比表面积越大。岩石比表面积的研究,借助两种方法,即计算法和吸附法。

目前,我国石化和石油行业中,应用比表面积多采用实际测定值。测定仪器有多种多样,但测定样品的处理方法均采用经典的BET法。油层的比表面积随渗透率的减小而增大。

吸附理论认为,物质的比表面积越大,其吸附力越强,吸附的物质越多。低渗油层的比表面积大,因而油层的束缚水一般较高,水驱油效率较低。

三、低渗透油田储层裂缝特性

随着对低渗透油田(主要指砂岩及砾岩油田)的开发和注水的深入,人们发现裂缝(指天然裂缝)的作用越来越重要。裂缝不仅决定了注水效果,而且控制了层系划分和井网布置,从而直接决定了油田开发效果的好坏。因此砂岩油田裂缝的研究日益受到人们的高度重视。

近年来,我国发现的具有裂缝的油田越来越多。如新疆的火烧山油田,吐哈的丘陵、鄯善油田，长庆的安塞及靖安油田，胜利的渤南油田，大庆的朝阳沟、榆树林及头台油田，吉林的新立、乾安及新民油田等，几乎每个大油区都有裂缝性油田的存在，遍布全国，且以低渗透油田为主。

其实裂缝性砂岩油田并不是近年才发现的，早在20世纪50年代我国就发现了玉门石油沟裂缝性油田。20世纪六七十年代大搞注水试验，发现了裂缝对注水的控制作用，遂开展了裂缝方面的研究工作，试验出了一套沿裂缝注水的方式。进入20世纪八九十年代，油藏内部注采关系日趋复杂，进行了几次大规模的综合调整治理，进一步加强了对裂缝的研究，提高了认识程度，使油田保持了持续稳定的局面。

与玉门石油沟油田走过的认识历程相似，不管是东部吉林的扶余油田，还是西部新疆火烧山油田，砂岩油田储层裂缝的重要性都是在油田全面注水开发以后才为人们所认识。尤其新疆火烧山油田，由于在开发前对裂缝影响估计不足，油田投入全面注水开发后，裂缝引起了严重的水窜和暴性水淹，投产三年多，采出程度较低。从这一系列有裂缝的低渗透砂岩油田开发的经验教训中，使人们对砂岩裂缝重要性的认识提高到一个新水平，即油田投入开发前就要对裂缝高度重视，正确认识和研究裂缝是裂缝性砂岩油田开发成败的关键因素之一。

在油田开发之前的评价阶段，判断储层有无裂缝存在至关重要。除岩心观察外，利用压裂施工曲线分析判断比较准确。没有裂缝的储层，压裂时具有明显的破裂压力（峰值）；而存在裂缝（包括潜在缝）的储层，一般没有明显的破裂压力。

从油田开采动态反应来看，裂缝性砂岩油田的裂缝作用可分为三种类型：

（1）强烈型（显裂缝型）：在开采动态中裂缝反应明显，作用强烈，其主要表现是钻井过程中泥浆漏失严重，压力恢复曲线具有明显双重介质特性，有效渗透率明显高于空气渗透率，油井初产能力变化幅度极大，注入水推进速度特别快，油井水窜，水淹十分严重等。这一类以火烧山油田为典型代表。

（2）中等型：裂缝的作用主要表现为注水后引起裂缝方向的油井极易发生水窜及水淹现象。

（3）微弱型（潜裂缝型）：这类裂缝在原始状态下处于闭合状态，其特性及表现和正常砂岩油田相似，但在外力（如压裂、注水等）长期作用下，这些潜在的微细裂缝可能张开，发挥作用。

目前，全国许多裂缝性砂岩油田都开展了深入细致的大规模的裂缝及其开发对策方面的研究,总结出了一些规律和措施,已取得了可喜的成果。

(一)裂缝成因分类

储层裂缝按其成因可分为构造裂缝和非构造裂缝两大类;构造裂缝按其力学性质而言,又分为张裂缝和剪裂缝两种。对油田注水开发影响最大的是张裂缝。

从油田的岩心上看,构造裂缝一般具有下列特性:

(1)裂缝分布比较规则,产状稳定,常成组出现。

(2)裂缝面一般比较新鲜,无滑动充填现象,显示潜在缝特点;或者裂缝面上具擦痕、阶步及羽饰等现象,有些裂缝两侧甚至还有微错动现象。

(3)裂缝切穿深度较大,但宽度很小。切穿终止情况明显受岩性控制。

(4)有些裂缝局部或全部被矿物(如方解石、石英等)充填,某些缝面上具 Fe、Mn 等氧化物浸染。

(5)裂缝的力学性质是既有张裂缝,也有剪裂缝。

我国低渗透储层裂缝的成因类型和分布形式及地质特性与盆地所处的构造体制密切相关。根据构造体制,我国含油气盆地可分为伸展型、挤压型、稳定型和走滑型四大类。东部油田所在处主要是伸展型盆地,裂缝伴随正断层发育,一般规模小,长度和密度都不大,岩石易破碎,缝面时有时无,多以微小的潜在缝形式出现,易被人忽视。

(二)裂缝特性

1.产状特性

裂缝的产状主要指裂缝的倾角和走向(或方位),是描述裂缝的两项重要参数。

(1)裂缝方位。我国低渗透油田的裂缝方位与所处盆地的构造体制有明显的关系。东部油田的裂缝方位总体来看以近东西向为主,且主要发育一组,估计为区域性构造裂缝;西部油田的裂缝方位变化多样,与发育的构造背景密切相关,且往往有多组出现;西部油田的裂缝方位虽然复杂,但一般全油田裂缝优势方位与所在构造的长轴方向大体一致。

裂缝方位是油田开发设计前必须搞清楚的第一位重要问题,直接关系到井网部署的正确与否,所以在油田开发前,一定要把裂缝发育状况,特别是裂缝主要方向搞清楚。

虽然岩心上能测量裂缝方位,但毕竟太少,也不能准确地反映不同构造部位和层位的裂缝方向变化,因此需要应用多种方法进行综合判断分析,最后确定全区的优势方位。

(2)裂缝倾角。构造裂缝倾角一般从岩心上就可以直接测量到。根据研究,按倾角大小可将裂缝分为五种倾角类型,各类标准包括:垂直缝倾角大于 80°,高斜缝倾角 60°~80°,中斜缝倾角 40°~60°,低斜缝倾角 10°~40°,水平缝倾角小于 10°。一般将倾角大于 60°的裂缝统称高角度缝,40°~60°称中斜缝,小于 40°为低角度缝。

2. 发育程度和规模特性

储层裂缝发育程度主要是指裂缝密度,发育规模包括裂缝的宽度、纵向切深和平面延长度。这两方面的综合才能真正反映裂缝的强度和影响力的大小。

(1)裂缝密度。裂缝密度是衡量裂缝发育程度的参数。而裂缝间距是衡量裂缝发育程度的另一种表现形式,等同于裂缝密度。裂缝密度的表示方法主要包括:①线密度:裂缝法线方向上单位长度的裂缝条数;②面积密度:单位面积内裂缝的总长度;③体积密度:裂缝总表面积与岩石总体积的比值。此外,还有发育率、面孔率及裂隙度等衡量裂缝发育程序的参数,可根据需要统计。

统计密度时要分岩性、层厚及层位进行统计。岩性的划分主要应考虑岩石力学性质和裂缝发育程度,而不是单纯的岩性划分。

储层构造裂缝的密度或间距包括岩心上宏观构造裂缝密度以及镜下显微构造裂缝密度两种。对岩心上宏观裂缝密度,常规的方法是统计单位岩心上裂缝的条数。但由于岩心直径的局限性,这种统计密度反映不了裂缝在空间上的真实密度,尤其是当裂缝间距大于岩心直径时,用上述方法所统计的密度有很大的随机性。因此需要另想方法,下面介绍的这三种计算方法是经过实践检验并确实可行的。

1)根据露头测量数据建立经验关系求裂缝间距(或密度)。

第一,通过裂缝的切穿深度求间距:岩心和露头区大量资料表明,构造裂缝的切穿深度与其间距呈正相关性。因此,如果能统计出构造裂缝与间距之间的这种相关关系,根据岩心上所观测统计的裂缝切穿深度值,即可求出其相应的间距大小。

第二,从岩心上划分出砂岩单层厚度,就可求出其附近裂缝的平均间距(有可能岩心只观测到一条或几条裂缝),与露头调查吻合。

第三,从地层倾角估计裂缝密度:通过对火焰山露头观测发现,裂缝密度与地层倾角有一定关系,倾角越大,密度越大。当然,用于地下裂缝密度预测时要用岩心资料校正,否则仅由露头得出的公式求出的密度太高。

2)裂缝间距指数法。同一岩性,层越薄,缝间距越小,钻遇率越高;层越厚,缝间距越大,钻遇率越低。因此对于垂直缝(>80°),在任一岩层内,岩心与其中裂缝相交的概率是岩心直径、裂缝间距、层厚和裂缝相对岩心取向的函数。

3)裂缝发育程度控制因素。我国低渗透油田裂缝发育的密度受构造部位、层厚和岩性控制十分明显,有明显的规律性。

第一,层厚。层厚越大,裂缝间距值越大,反之,层厚变小,则裂缝间距变小,密度增大。

薄油层裂缝比较发育,在油藏注水开发中是一个非常值得注意的问题,它对分层吸水状况和水淹特性都有较大的影响。

第二,岩性。岩性越致密坚硬,裂缝越发育。致密坚硬的钙质砂岩及粉细砂岩裂缝发育,而中粗砂岩裂缝发育较少。对其他地区如火烧山等油田的裂缝研究也表明有明显的规律性,只是具体数值有所不同而已。

不仅宏观或肉眼可见的裂缝有此规律,就是显微镜下观察到的微观裂缝也具有此特性。从岩性和厚度上分析,岩性粗和厚度大的岩层,裂缝密度虽小,但规模较大;而岩性细及厚度较薄的岩层,裂缝密度虽然大,但裂缝规模较小。

第三,构造部位。不同构造部位由于形成时其构造应力场大小和方向不同,加之相应的岩性及岩相的差异,就造成了裂缝发育程度和方位的不同。一般来说,在不对称背斜的陡翼、褶皱转折处、端部以及大断层两侧附近,裂缝发育。裂缝发育密度受构造部位的制约,这种规律的认识对油田的裂缝分布预测具有一定的指导作用。

(2)裂缝宽度。裂缝宽度是确定裂缝孔隙度和渗透率以及直接评价裂缝对开发效果影响的关键因素之一,同时也是最难获得的一项参数。

裂缝宽度为裂缝有效宽度即裂缝开度。我国低渗透油田裂缝宽度一般都很小,多数在十几到几十微米,且大多数都是通过模拟实验计算或岩心及露头测量推算的。

从裂缝的开度分布看,裂缝开度与其力学性质及受力情况密切有关,一般是平行最大主应力方向的张裂缝开度最大,其次是与加载应力方向斜交的张剪性或剪性裂缝的开度而与最大主压应力方向呈大角度相交甚至垂直的裂缝开度最小。总体看火烧山油田裂缝开度一般在 $10\sim120\mu m$,主裂缝

平均开度可达 $120\mu m$,而丘陵油田裂缝开度主要是根据岩心露头和围压推测的,估计在 $10\sim100\mu m$,多数在 $40\mu m$ 以下。

　　岩心上直接测量的裂缝宽度,实际上是地面减压之后裂缝的张开值,一般比地下实际值大的多,因此岩心上实测的开度值不能代表地下裂缝的真实开启情况,目前一般都用间接方法求取可能的真值。

　　由于地表无围压状态下裂缝的开度值反映不了地下埋深状态下真实开度,因此要想求得开度值可以取真实岩心,应根据目前埋深的温压条件,加相应的围压、温度和流体介质,模拟目前实际状态下岩石的破裂,并对模拟后的破裂岩样做特殊处理,然后切片,在镜下观察岩石破裂所形成的裂缝的开度,以此来代表储层构造裂缝在地下的真实开度。

　　(3)裂缝平面延伸长度。由于裂缝平面延伸长度无法从岩心上直接测量,其他方法也只能大概推断,因此我国大多数裂缝性油田没有裂缝平面延伸长度的精确数字。从对露头区裂缝延伸长度的测量表明,多数裂缝延伸长度小于 100m。

　　(4)裂缝纵向切深。裂缝纵向切深往往通过岩心和露头区的双重测量进行综合推测。岩心裂缝测量统计表明,我国低渗透油田裂缝大多数纵向切深小于 2m。通过露头区的观测推测砂岩油田的裂缝纵向切深一般小于 5m,少数可达 10m 以上(如新疆小拐油田)。

　　(5)裂缝规模分类。裂缝规模有大小之分,不同类型的裂缝,其开度、长度、间距及切深的变化是有规律的,即裂缝切深越大,则延伸越长,开度和间距越大,反之亦然。

　　我们对裂缝的规模分类,按肉眼是否能清晰识别分为两大类:①宏观裂缝。宏观裂缝是指肉眼可以清晰识别的裂缝。②微观裂缝。微观裂缝是指肉眼无法识别、必须靠显微镜才可识别的裂缝。

　　根据作者对我国不同砂岩油田裂缝切深和密度的统计及与开发的影响关系研究后认为,宏观裂缝按切深和密度以及相对开度还可细分为:①大裂缝:切深大于 2m,密度小于 1 条/m,缝宽大于平均孔隙直径的 2 倍;②中裂缝:切深 2~0.5m,密度 1~3 条/m,缝宽在平均孔隙直径的 1 倍;③小裂缝:切深(0.5~0.1m,密度 2~10 条/m,缝宽约等于平均孔隙直径;④微裂缝:切深小于 0.1m,密度大于 5 条/m,缝宽小于平均孔隙直径。

　　显微裂缝根据其是否切穿矿物颗粒也可细分为:①粒间缝:裂缝切穿不同矿物颗粒;②粒内缝:裂缝主要局限在同一矿物颗粒内。

3. 裂缝孔渗特性

裂缝孔隙度和渗透率是开发最关心的问题,也是最难准确确定的两项参数。

(1)孔隙度。对于宏观构造裂缝来说,其孔隙度主要与其长度、高度和开度有关,它的计算方法包括体积法、开度法、曲率法、面积法。

(2)渗透率。影响宏观构造裂缝渗透率最主要的因素是它的开度和间距(或密度)。此外,还有构造变形法、经验估计法、开度法、图版法及面积法。

我国低渗透砂岩油田的裂缝孔隙度都十分小,一般小于 1%,远远低于基质孔隙度;而渗透率则变化巨大,从几十到上千毫达西不等,且随着油田注水开发渗透率呈动态变大,并引起油田的水窜和水淹。

(三)应用测井资料识别裂缝方法

除岩心以外,测井资料是反映地下地层结构最直接和最全面的资料,特别在研究储层裂缝方面测井资料尤为重要。测井方法一般都用成像测井技术识别储层裂缝,目前应用较多的有以下成像测井技术:

1. 电阻率成像测井

电阻率成像测井主要包括:

(1)地层微电阻率扫描测井。随着地层微电阻率扫描测井技术的发展,使井周覆盖率由 40% 提高到 80%。能划分出厚度为 0.5cm 的超薄层,径向探测深度为 2.5cm,所获得的成像测井图犹如实际岩心照片一样,还可用于确定孔、洞和裂缝的产状及裂缝参数的估算。

(2)方位电阻率测井。方位电阻率测井的测量原理与双侧向相同,但纵向分辨率高,可以获得井眼周围地层不同方位电阻率的变化图像,用以研究地层裂缝发育和分布状况。

2. 声成像测井

(1)超声成像测井。超声成像测井先发射超声波脉冲,然后测量回波的幅度和传播时间,经过数据处理,可得到清晰的井壁图像。超声成像测井在水基和油基钻井液中都可反映裂缝的赋存状态,有一定的优越性。

(2)定向偶向横波测井。定向偶向横波测井有多种横波测量方式,其中交叉偶向横波模式是识别裂缝最有效的方法。定向偶向横波测井是通过快慢横波速度差异识别地层特性,致密层段的快慢横波速度比较一致,波形曲线基本重合;裂缝发育段,慢横波速度比快横波速度略小,波形曲线上的快速横波总是滞后于慢速横波。

3.常规测井资料识别裂缝

一般来说,所有测井曲线都能反映裂缝,只是其敏感程度不同而已。通过各种资料分析对比,可看出以下一些测井曲线特性,全部或部分指示裂缝的存在:

(1)深侧向电阻率明显大于浅侧向电阻率。

(2)感应电阻率大于侧向电阻率。

(3)自然伽马曲线异常增高。

(4)深浅电阻率曲线出现剧烈起伏变化。

(5)微电阻率曲线呈锯齿形变化。

(6)井径曲线出现扩径现象。

(7)自然电位曲线在没有岩性、钻井液和地层水等变化的情况下,出现异常现象。

具体油田在利用常规测井资料识别裂缝前,应该用直接和比较准确的资料进行标定和注识。

(四)带裂缝的砂岩油田储层的综合分类与特性

对一个油田裂缝的分布特性及其定性、定量物性参数进行描述之后,根据裂缝系统对基质间的流动影响以及裂缝系统对储层的整体性能的影响,对储层进行分类,是裂缝性储层研究的一个重要内容,能为油田勘探及开发方案的选取提供重要的地质依据。

通过综合分析基质孔隙度与渗透率和裂缝系统孔隙度与渗透率的相对大小及在储层中所起作用大小,可以将我国有裂缝的砂岩油田储层分为三大类四亚类:

1.孔隙-裂缝型储层

孔隙-裂缝型储层,或称之为显裂缝型储层,其渗滤通道主要由裂缝系统提供。此类油藏常表现出块状或似层状特性,初期产量高,但产量下降快,一旦见水,含水率呈直线上升,且油井见水有明显的方向性。试井压力恢复曲线常表现为"厂"字形或"摇把形",也有少量的平缓"一"字形,生产压差小。这种类型以新疆火烧山油田为代表。

过去在我国裂缝性油田中很少见到纯裂缝型的,虽有个别层段显示为纯裂缝型特点,但整个油藏仍是裂缝和孔隙的双重作用,因此在该分类中没有列出纯裂缝型一类。

2.裂缝-孔隙型储层

裂缝的存在加深了储层的各向异性。根据裂缝和基质块体孔隙度和渗透率大小，又可分为两个亚类，即微裂缝型和潜裂缝型，其共同特性是裂缝在初始状态下在地下是闭合的、潜的，或虽比较发育但呈孤立状没有构成网络，对流体影响很少，或只有微弱的方向性显示，甚至没有影响。但随着注水开发的进行，裂缝逐渐张开，将极大地影响油田的开发生产。两者的区别在于微裂缝型裂缝在开发早期就有微弱显示，尤其渗透率和注水有一定的方向性，而潜裂缝型要在注水开发多年后才能有显示。

3.孔隙型储层

孔隙型储层中裂缝发育程度很低或虽然发育有一定程度的裂缝，但大部分裂缝被充填而成为无效裂缝。其油气的储集空间和渗透空间主要由孔隙系统来提供，并且裂缝在以后的开发生产中基本不起作用或可忽略不计，具孔隙型储层的生产动态特性。

四、低渗透油田流体、压力和能量特性

(一)原油性质特性

我国低渗透油田原油性质一般都比较好，其特点是密度比较小、黏度低、含胶质和沥青少，另外凝固点比较高，含蜡量比较多，具体数据如下：

(1)地面原油密度：最小 $0.83 \mathrm{g/cm^3}$(文东盐间层)，最大 $0.89 \mathrm{g/cm^3}$(火烧山油田)，一般为 $0.84 \sim 0.86 \mathrm{g/cm^3}$。

(2)脱气原油黏度(50℃时)：最低 $4.8 \mathrm{mPa \cdot s}$(文东盐间层)最高 $57 \mathrm{mPa \cdot s}$(火烧山油田)，一般为 $7 \sim 33 \mathrm{mPa \cdot s}$。

(3)地层原油黏度：最低 $0.38 \mathrm{mPa \cdot s}$(马西深层)，最高 $10.4 \mathrm{mPa \cdot s}$(朝阳沟油田)，一般为 $0.7 \sim 8.7 \mathrm{mPa \cdot s}$。

(4)原油凝固点：最低 11℃(火烧山油田)，最高 36℃(乾安油田)，一般为 16℃~33℃。

(5)原油中胶质及沥青含量：最少 2%(马岭油田)，最多 21%(老君庙油田 M 油层)，一般为 3%~19%。

低渗透油田原油性质比较好，包括两方面的特点：

第一，低渗透油田原油一般都属于正常原油，亦即通称的稀油，基本上没有稠油。稠油(黏度大于 $500 \mathrm{mPa \cdot s}$)一般都储藏于高渗透(大于

500mD)油层之中。

第二,在同一油田范围内,低渗透储层一般埋藏较深,其原油性质通常比埋深较浅的高渗透储层要好。

在同一个油田范围内原油性质由深部向浅部之所以变差,是油气在运移和聚集过程中多种物理化学作用造成的。主要如油气在二次运移(主要指油气离开生油层后由下部向上部的运移)过程中,受到水洗氧化作用和生物降解作用;油气在聚集后继续有分子扩散作用。这些作用的结果使原油中的轻质成分减少,重质成分增加,所以上部油层中原油性质一般都比较差。

大港油区北大港油田含油层位多,分布井段长,其原油性质从下到上逐渐变差。原油性质从深部油层(一般渗透率低)向浅部油层(一般渗透率高)变差表现得比较明显。另外,有的油田油层层位相同,埋藏深度也相同,但低渗透区块原油性质好,高渗透区块原油性质差,区别也很明显。

相同层位和相同深度的油层,其中低渗透区块原油物性较好,高渗透区块原油物性变差,除原油运移过程中的物理化学作用差别外,主要是高渗透油层扩散作用比较强烈的原因。物质的扩散作用只能以分子方式进行,因此烃类液体在扩散作用下轻质组分减少,重质组分增加。高渗透油层扩散作用比低渗透油层强烈,所以高渗透储层的原油性质一般比中低渗透油层要差、密度增大、黏度增高。

(二)地层压力特性

通常情况下,油田地层压力接近于相同深度的静水柱压力,压力系数约等于1,没有单独讨论的必要。但我国许多异常高压油田都属于低渗透油田,特别是压力系数大于1.4的超高压油田全都是低渗透油田。看来低渗透油田与异常高压有比较密切的关系,因而在此加以简要论述。

异常高压大体上可分为两种类型:(1)与地层沉积和欠压实有关;(2)与构造作用有关。

1. 与地层沉积和欠压实有关的异常高压

在持续沉降的盆地中,下部沉积物在上覆沉积物负荷的作用下,不断压实,在压实过程中沉积物孔隙度不断减少,孔隙中的流体(主要是水)不断排出,体积密度不断增大,再加上胶结等作用,最后固结成为岩石。

在压实过程中,如果流体能够不断排出,孔隙能够随上覆沉积物负荷的增加而相应减小,则孔隙流体基本上保持静水柱压力,此时称为正常压实,压力也属于正常压力,压力系数接近于1.0。如果由于某种原因的影响,如盆地的快速沉降、岩性的低渗透、地下的水热作用、成岩过程中黏土矿物的脱水作用、烃类气体的生成、自生矿物的形成和胶结作用等,使孔隙中流体排出受到阻碍,孔隙度不能随上覆沉积物的增加而相应减小,这时排不出去的孔隙流体就要承受一部分本来应由岩石颗粒支撑的有效压应力,从而使孔隙流体具有异常高压。这样的地层称为欠压实地层,地层压力称为欠压实型的异常高压。

2. 与构造作用有关的异常高压

在地层沉积以后,由于构造运动和断裂作用,使地层受到挤压和整体抬升,当地层压力尚未调整平衡,仍保持原来的压力时即固结成岩,其地层压力高于静水柱压力,这时称为与构造作用有关的异常高压。另外,当地层已正常压实后,由于水热、烃类气体生成以及黏土矿物转化等作用的影响,也可以产生异常高压,这种异常高压也与欠压实没有直接关系。

上述两种异常高压类型往往是兼而有之。我国不同类型盆地的异常高压状况也不相同,特性表现得比较明显。主要有以下类型:

(1)东部渤海湾盆地主要为欠压实型异常高压。渤海湾盆地为新生代裂谷拉张型断陷盆地。按其特性可能形成欠压实型异常高压,这与实际情况吻合得较好。

(2)西部酒西和准噶尔等盆地主要为构造作用型异常高压。我国西部地区主要为挤压坳陷型盆地,由于挤压和逆冲断层的作用,容易形成非欠压实的,而和构造作用有关的异常高压在酒西盆地表现得十分明显,酒西盆地玉门油区的主要油田(老君庙油田和鸭儿峡油田)和主要油层("L"层和"M"层)都是异常高压,异常高压的程度与油层性质没有明显关系。

(3)中部陕甘宁盆地。陕甘宁盆地情况有些特殊,大多数油田都为异常低压油藏。一般讲,异常低压主要与盆地的隆升、地层降温和降压及孔隙流体体积的收缩和烃类的逸散有关。陕甘宁盆地在三叠系沉积后受印支运动影响,整个盆地抬升并遭受剥蚀,随后的侏罗系地层沉积或超覆在古地貌之上。另外,陕甘宁盆地油层温度与东部地区油田比较相对较低,这些条件可能是形成异常低压的主要原因。

(三)驱动能量特性

我国低渗透油田基本上都是低饱和油田,但饱和程度差异较大,有的油田饱和程度高,原油溶解气量多。绝大部分低渗透油田都属于构造-岩性圈闭或完全岩性圈闭油藏,再加上储层性质差,渗透率低,边底水能量微弱,对油藏驱动作用很小。

我国低渗透油田主要为弹性驱动油藏。弹性能量的大小依各油藏的地质特性和饱和程度的高低而有所不同,差异比较悬殊。总之,我国低渗透油田的弹性能量较小,除几个超高压油田计算的弹性采收率较高(6%~9%)外,多数油田都很低,只有0.2%~3.2%,平均为1.27%。对这样的油田一般需要采取补充能量的开发方式,才会取得较好的开发效果和较高的采收率。

第二节　低渗透油田的渗流特性

低渗透油层由于孔喉细小,结构复杂,渗流的阻力大,固液表面分子力作用强烈,使其渗流特性与中高渗透油层有很大的不同。通过近些年的大量研究实验,我国对低渗透油层的渗流机理特性有了进一步的了解和认识。

一、渗流环境特性及其对渗流的影响

(一)小喉道连通的孔隙体积比例大

为了进一步研究孔隙结构对油水分布和渗流过程的影响,需要定量地计算各类不同大小孔隙的体积占总孔隙体积的比例。

为此,可以利用不同渗透率岩样的毛细管压力曲线,整理计算出各类不同大小孔道体积占岩样总孔隙体积的份额,用表格或图示之。

(二)岩石表面油膜量大

原油是由烃类和非烃类化合物组成的复杂混合物,含有大量的极性物质。当它们与岩石颗粒表面接触时,就表现出明显的相互作用,这样,在岩石颗粒表面就形成一个富有极性物质的特殊液体层。这个层多为原油的重质组分和胶质沥青质,黏度和密度大,它们的数值都明显地大于体相原油的相应值。俄国学者将这个特殊的液体层定义为原油边界层。

这个边界层的厚度与多孔介质的结构和原油的性质有关。多孔介质的孔道越小,原油胶质沥青含量越高,密度黏度越大,则原油边界层越厚。它对低渗油层中油水的渗流规律产生了重大影响。

边界层中原油的储量份额也随多孔介质和原油性质不同而变化,油层渗透率越低,原油黏度越大,则边界内原油占储油量的比例越大。

边界层流体是指其性质受界面现象影响的流体,它紧靠在孔道壁上,形成一个边界层。体相流体是指其性质不受界面现象影响的流体,它分布在多孔介质孔道的中轴部位。

边界流体的性质有其特殊的变化规律。在多孔介质的孔隙系统中充满了流体,流体的某些分子就可能与孔道表面的分子产生相互作用。这样,在孔道表面处流体这些分子的浓度就比远离孔道表面处的分子浓度要大。这种流体分子浓度随距孔道表面距离大小变化,将导致其他物理化学性质的变化。因此,在渗流环境中,由于边界流体的存在及影响,使渗流流体的性质有其特殊的变化规律。

(三)毛管力的影响显著

由于储层是由无数微小的孔隙组成的,可以把它们近似地看成是众多直径不同的毛细管。当多相流体在这些毛细管中流动时,由于各项流体对毛细管壁润湿性的不同,在不同流体间的界面上(一般为弯曲的)产生毛管力。毛细管半径越小,毛细管力越大,它们之间呈反比关系。

这里要特别强调的是,低渗透率油层,尤其特低渗透率油层的孔道半径很小,相当于中高渗透率油层孔道半径的几十分之一,这种特点就将显著地反映在两相渗流的规律中,即低渗透率油层中的两相(如油和水)流动规律,将明显地区别于中高渗透率油层中的流动规律,如相对渗透率的变化规律。

(四)卡断现象严重

通过砂岩微观孔隙模型水驱油实验(录像扫描)看出,在连续油流通过岩石孔隙喉道时,由于低渗透层喉道半径很小,毛管力急剧增大,当驱动压力不足以抵消毛管力效应时,油流将被卡断,连续的油流变为分散的油滴。

这种流动形态的变化将导致渗流阻力的增大和驱油效率的降低。

(五)可动的流体饱和度小

中国石油勘探开发研究院渗流研究所开发了用核磁共振仪器研究油层微观孔隙结构和渗流特性的技术。

可动流体饱和度与裂缝孔隙度密切相关。低渗透储层含油饱和度低,驱油效率也比较低,而且规律性不强,过去用普通方法很难准确测定。流体在岩心中的分布存在着一个弛豫时间界限,大于这个界限,流体处于自由状态；小于这个界限，流体处于束缚状态。不同储层其岩心界限不同。

二、低渗透油层的非达西渗流特性

在油藏工程和渗流力学研究中一直以达西定律为主要基础，达西定律的表达式是：

$$v = -\frac{K}{\mu}\frac{\mathrm{d}p}{\mathrm{d}l} \tag{1-1}$$

式中：v ——视渗流速度；

　　K ——渗流率；

　　μ ——流体黏度；

　　$\dfrac{\mathrm{d}p}{\mathrm{d}l}$ ——压力梯度。

达西定律的假设条件为：流体为均质的牛顿流体，液流为层流状态，流体与孔隙介质不起作用。

中高渗透油层的状况与上述假设条件比较接近，因而原来以达西定律为基础的渗流研究理论和方法对中高渗透油藏开发基本适应。

但低渗透油层的情况则大不相同。低渗透油层的特性与达西定律所假设的条件相差很大，因而简单用达西定律及其所衍生的理论方法难以认识和指导低渗透油藏的科学合理开发，需要做深入一步的研究和探讨。因此，对低渗透油层进行非达西渗流实验。

非达西渗流室内实验的共同特点包括：①当压力梯度在比较低的范围时，渗流速度的增加呈上凹型非线性曲线；②当压力梯度较大时，渗流速度呈直线性增加；③该直线段的延伸与压力梯度轴交于某点而不经过坐标原点，称这个交点为启动压力梯度；④在实验范围内湍流影响不明显；⑤渗流特性与渗透率及流体性质有关，渗透率越低或原油黏度越大，上凹型非线性曲线段延伸越长，启动压力梯度越大。

不同的压力梯度下流体流动的特性有其规律，"低渗透储层具有启动压力梯度，呈非达西型渗流特征。"[1]低渗油藏开发的注意事项包括：①用压裂等技术手段提高油层的渗透率，至少是井底附近油层的渗透率，以减少启动

---

[1]　刘今子.低渗透非均质油藏构型参数反演理论方法[M].北京:冶金工业出版社,2018:3.

压力造成的影响,因此整体压裂改造是开发低渗透油藏不可缺少的工作;②降低原油的极限剪切应力。可以采用化学处理,提高地层温度,或其他物理场效应的方法等来达到此目的;③在技术经济指标允许范围内,井距宁可采用偏小一些的为宜;④尽量采用大一些的生产压差。

三、低渗透油层的两相渗流特性

(一)相渗透率曲线特性

储层和流体主要的物理化学性质,如渗透率和孔隙结构、原油黏度和油水黏度比以及表面湿润性和原油边界层厚度等,在相渗透率曲线中都可得到反映。而相渗透率曲线的特点也就反映了不同类型储层的水驱油特性和效果。

与中高渗透油层相比,低渗透油层在相渗透率曲线上表现出的主要特点为:①束缚水饱和度高,原始含油饱和度低;②两相流动范围窄;③残余油饱和度高;④驱油效率低;⑤油相渗透率下降快;⑥水相渗透率上升慢,最终值低;⑦由此而产生的结果是减水后产液(油)指数大幅度下降。

以上是理论上的描述和分析。实际上,在一个油藏中不可能有完全不同类型的油层,以及由于资料的代表性等原因,难以用十分典型的实际相渗透率曲线资料进行全面的对比分析,只能相对地进行一些比较。

(二)低渗透油层的无因次产液(油)指数

在低渗透油田的生产实践中,油田平均的无因次产液指数曲线均随含水率的增加而下降,继而稳定,最后才有所回升;无因次产油指数则急剧下降,用相对渗透率资料和油水黏度比计算的曲线与油田生产数据统计的大体一致。

我国多数高渗透油田情况则不同,其相渗透率曲线特点是,水相渗透率上升较快,残余油饱和度时水的相对渗透率值较高,因而,油井见水后无因次产液指数一般呈上升趋势。

低渗油田的无因次产油指数,在见水初期急剧下降,曲线是下凹型,在整个开发期平均保持初始值的 $12\% \sim 40\%$,即在油田开发期间,无因次产油指数为初始值的四分之一。

高渗透油层的无因次产液指数一般呈上升趋势,但也有初期稍微下降而后来上升的。例如永安油田的无因次产液指数就是如此。也有的油田如大庆油田喇嘛甸、萨尔图、杏树岗,虽然油水黏度比并不很大,但是,由于油层的润湿性是亲油的,因而,水相的相对渗透率较大,所以,无因次产液指数亦是上升趋势。总之,无因次产液指数变化规律不仅受流体性质的影响,而且,还受到油层润湿性及孔隙结构等因素的制约。

高渗透油田的无因次产油指数下降较少,根据大庆喇嘛甸、萨尔图、杏树岗油田,及文明塞、濮城、永安等油田资料统计,在整个开发期,油田平均可保持初始值的 50%~80%,约为初始值的三分之二。

和中高渗透油田相比,低渗透油田油井见水后,采液指数低,提液困难,加剧了产油量的递减,增加了低渗油田开发的难度。

为了开发好低渗透油田,应该根据油田的实际情况,开发和应用配套的新技术,其目的是保持较高的地层能量,提高地层的渗流能力,降低残余油饱和度,扩大波及体积,以更有效地动用有限的储量,同时增强油井举升能力,以解决提液困难的矛盾。

四、低渗透油层的流固耦合特性

低渗透油田开发中有个非常突出的现象,就是随着地层压力的下降,采油指数急剧减小,即使注水后地层压力回升,采油指数也很难恢复。通过大量观察实验,人们认识到这是油层压敏效应,亦即流固耦合作用的反映。

在传统的渗流力学计算中,一般假设多孔介质是刚性的,但是实际的储层具有弹塑特性,表现在孔隙度,特别是渗透率等物性参数随压力的改变而发生变化,低渗透介质更为显著。

低渗透油藏地层压力下降后,引起储层渗透率大幅度减小,对油藏开发造成明显的不利影响。因而对低渗透油藏一般应采用早期注水或注气保持压力的开发方式。

五、低渗透油层的渗吸特性

(一)渗吸现象的表现与实验

亲水岩石具有渗吸作用已为人们所共知。我国油藏开发中最早发现明显渗吸作用的为江汉的王场油田。王 3-11 井油层是亲水砂岩,原为注水井,1971 年 6 月至 10 月 7 日累计注水 12682m³,后因邻井见水而停注。关井 14 个月后改为抽吸生产,开始含水 48%,63 天后降到 2%,并转为自喷,日产油达 40t 以上。其他井也有类似情况。近年来,根据低渗透油层的特点,渗流力学研究所深入一步做了系统的实验研究工作,取得了一些新的认识。

（1）自然渗吸实验。采用人造岩心介质,其渗透率在 9～16mD,润湿性为亲水型,模拟油为大庆原油。实验结果,采收率可达 8%～30%。

（2）驱替条件下的渗吸实验。采用大庆头台油田储层岩心,以重水驱替模拟油,利用核磁共振弛豫时间谱探测驱替过程中不同驱替压力下岩心中含油孔径分布和被驱出油的孔径分布,从而研究驱替条件下的渗吸机理。

水驱初期以驱替作用为主,渗吸作用较弱;水驱中期驱替和渗吸都起作用;水驱后期渗吸的作用增大。即随着驱替过程的进行,在采出的原油中驱替作用逐渐减弱,渗吸的作用逐渐增加。即在驱动力的作用下,水首先主要进入较大的毛管孔道,随着驱替过程的进行,大毛管中的油越来越少,小毛管中靠渗吸采油的作用逐渐增加。

（二）水驱油时最佳渗流速度

在亲水性低渗透天然岩心中,水驱油过程是润湿相驱替非润湿相,当渗流速度较低时,易于发挥毛管力的吸水排油作用,当渗流速度较高时,则主要发挥驱动力的作用。其中,存在一个最佳的驱替速度,可使毛管力的渗吸作用和驱动力的驱替作用都得到充分发挥,得到最佳的驱油效果。在相同渗流速度下,原油采收率随渗透率的增加而增加。

第三节　低渗透油田的开发特性

一、低渗透油田天然能量低

大多数低渗透油田,由于岩性致密、孔喉半径小、渗流阻力大,导致油井自然产能低,生产压差大。多数低渗透油田在经过压裂改造后,增产幅度较大,可使原来不具备工业生产价值的低渗透油田变为可进行工业开采的油田。压裂已成为低渗透油田试油和开发的必需措施,不经过压裂,就不可能对低渗透油田的产能和价值做出正确的评价。

低渗透油田一般边底水都不活跃,天然能量都不充足,再加渗流阻力大,能量消耗快,采用自然消耗方式开发,产量递减快,地层压力下降快,一次采收率很低。

低渗透油田依靠天然能量开采,不仅压力下降快,产量递减快,而且一次采收率也很低。我国低渗透油田基本上都先后采取了注水保持压力的开发方式,弹性采收率和溶解气驱采收率实际资料不多,各油田计算的方法和条件不完全一致,不便对比。

二、注水井吸水能力低

低渗透油田注水开发中存在一个比较普遍的矛盾,就是注水井吸水能力低,启动压力和注水压力高,而且随着注水时间的延长,矛盾加剧,甚至发展到注不进水的地步。低渗透油田注水井吸水能力低和下降,除油层渗透率低的内在因素外,还与注采井距偏大和油层受伤害及堵塞有关。

注采井距偏大,油层连通性差,则注水井的能量(压力)难以传递和扩散出去,致使注水井井底附近压力憋得很高。这类井的指示曲线一般是平行上移,斜率不变,说明吸水指数并未降低,主要是由于启动压力升高,有效的注水压差减小,因而注水井吸水量降低。

对属于以上情况的油田,如果适当缩小注采井距,则注水井吸水能力会很快提高,油田开发状况也可得到相应改善。

注入水质或者作业压井液不合格、不配伍,会污染和堵塞油层,降低注水量。这样井的指示曲线一般是斜率增大,表示吸水指数下降。这时应该针对造成油层伤害的原因,采取相应的解堵措施,以恢复和提高注水井吸水能力。

三、低渗透油田的生产井见注水效果较差

低渗透油田注水效果与中高渗透油田有显著的不同,油井见效时间比较晚,压力及产量变化比较平缓,不如中高渗透油层敏感和明显。一个油田油井见注水效果的早晚,除与注采井距有关外,同时受投注时间、注水强度、注采比和油层连通程度等因素的影响。

对于高渗透油田注水见效情况可见,其特点是两升一降,即地层压力回升,油井产量上升,气油比下降。而低渗透油田情况则不相同。

低渗透油田由于渗流阻力大,注水井到油井间的压力消耗多,这样注水井作用给油井的能量就很有限,因而压力及产量变化幅度不大,有的甚至恢复不到油井投产初期的产量水平。

总之,低渗透油藏注水开发的主要矛盾就是,由于渗流阻力大,注水井

的能量扩散不出去,在注水井附近憋成高压区,使注水井地层压力和注水压力上升快,注水量很快降低;而生产井难以见到效果,地层压力和流动压力迅速下降,产量迅速递减。最后注水量、产油量、开采速度和采收率都非常低,也就是人们所说的低渗透油藏"注水难、采油难",甚至"注不进、采不出"的现象。

四、低渗透油田的稳产难度很大

低渗透油田,由于储层物性差,孔隙结构复杂,表面润湿性偏亲水,特别是原油黏度较低,因此其渗流生产特性与中高渗透油田有着明显的不同。

(一)油井见水后,采液(油)指数大幅度下降

油井见水后采液(油)指数的变化特性和对油田生产造成的影响。

低渗透油田油井见水后一个很大的特点是,采液(油)指数大幅度下降,一般到含水 50%～60%时,降至最低点,无因次采液指数降到 0.4 左右。在含水上升和采液指数下降的双重影响下,采油指数下降更为严重,当采液指数最低时,无因次采油指数只有 0.15。

在生产压差不变的情况下,当含水 60%时,低渗透油田油井产液量要下降 60%,产油量下降 85%;而高渗透油田油井产液量反而上升 75%,产油量仅下降 25%。

(二)产量急剧递减,稳产难度很大

低渗透油田油井见水后,由于产液指数和产油指数的大幅度下降,造成产油量的急剧递减。在这种情况下,从需要上讲,油井见水后应该逐步加大生产压差,提高排液量,以保持产油量的稳定。但低渗透油田由于渗流阻力大,能量消耗多,流动压力本来就已经很低,继续加大生产压差的潜力很小,因而油井见水后,一般产液量和产油量都大幅度下降。尽管采取调整改造和综合治理等多方面措施,但要保持全油田稳产难度是很大的。

高渗透油田情况就比较好,油井见水后,产液量不断上升,再加上放大生产压差,补打必要的调整加密井等综合治理措施,可以保持较长的稳产期。

为了进一步说明低渗透油田产量递减快及稳产难度大的突出矛盾和特点,再以特低渗(5.4mD)的吉林乾安油田和特高渗透(2526mD)的胜利埕东油田为例,进行对比分析。

与高渗透油田相比,低渗透油田的开发及保持稳产要复杂和困难得多,

因而需要做更艰苦细致的工作。

（三）低含水期含水上升较慢

低渗透油田井见水后，虽然采油指数下降，产量递减，但含水率上升较慢，所以低含水期仍然是重要采油阶段。油井见水后含水率的变化规律，可根据油水相对渗透率曲线和达西定律推导出的分流量方程进行描述。

原油黏度不同，含水上升规律也不同。原油黏度高时，含水率初期上升快，后期上升慢；原油黏度低时则相反，初期含水率上升慢，后期含水快。

低渗透油田地层原油黏度一般都比较低，因而油井见水后含水率初期上升比较慢，后期上升快。

对低渗透油田在无水期和中低含水期应尽量多采原油，这对整个改善低渗透油田的开发效果、提高其经济效益十分重要。

五、裂缝性砂岩油田特性

我国许多低渗透油田储层裂缝都比较发育，构成裂缝性砂岩油藏。这类油藏的开发特性与单纯低渗油藏不同，其主要特点是注水井吸水能力较强，水驱和油井见效、见水状况及各向异性表现十分明显。

（一）注水井吸水特性

（1）注水井启动压力和注入压力低，吸水能力强。裂缝渗透率远远大于砂岩基质渗透率，一般可以达到几百甚至几千个毫达西，因而其吸水能力很强，注入压力很低。

（2）注水井指示曲线存在拐点，超过拐点压力，吸水量急剧增大。为防止裂缝水窜现象，实际注水压力要严格控制在拐点压力（即地层破裂压力或裂缝张开压力）之下。

（3）在微裂缝较发育时，注水井不经压裂直接投注，吸水能力较好，而且吸水剖面比较均匀。注水井不进行压裂，采取汽化水洗井等措施后直接投注，不仅可以节约投资，而且对防止水窜也比较有利。

（二）油井生产特性

（1）沿裂缝方向油井水窜严重。裂缝性砂岩油田注水后，注入水很容易沿裂缝窜进，使沿裂缝方向上的油井遭到暴性水淹，这种现象十分普遍，是裂缝性砂岩油田注水开发的普遍特性。

(2)裂缝两侧油井见效较好。主向(即沿裂缝水线方向)油井产油量低,含水高,地层压力高,接近注水井地层压力;侧向(即裂缝水线方向两侧)油井产油量高,含水低,地层压力低,只有原始地层压力的 40% 左右。

第四节　低渗透油田的高质量发展战略

下面以长庆低渗透油田为例,解读低渗透油田的高质量发展战略。

一、低渗透油田的高质量发展战略依据

(1)适应经济新常态的必然选择。油田应以提升质量效益为核心,坚持创新驱动,提高全要素生产率,顺应群众对美好生活的期待,推动形成绿色低碳循环发展新方式,实现持续健康和谐发展。

(2)保障国家能源安全的责任使命。油田的高质量发展对保障国家能源安全有着重要意义,有助于积极推动国家能源革命。

(3)低渗透油田效益开发的必由之路。资源劣质化趋势已成为油气产业的全球性问题,目前全球低渗透油田占比接近 60%,低渗透气田全球占比超过 50%。在油田开发进程中,主力油藏逐渐进入中高含水期,严峻的勘探开发形势要求长庆油田必须走低成本、高效益、可持续的发展路径。

(4)企业可持续发展的必然要求。推动高质量发展是建设国家现代化经济体系的必然要求和现实任务。宏观环境的变化对发展的质量效益提出了更高要求,勘探开发难度越来越大。

低油价环境下投资成本控制压力更加突出,公司管控规范化、流程化水平有待进一步提升,持续提高开发效益的难度越来越大;同时安全环保要求高、责任重,现场管理上仍有短板,安全环保基础仍不够牢靠,这些问题迫切需要在发展战略层面思考如何破解发展难题,从企业规模、油气产量快速攀升的快速发展阶段转向更加注重质量效益的稳定发展阶段。

二、低渗透油田的高质量发展策略

(一)转变理念

油田始终坚持"资源为王",把勘探放在首位,注重地质理论创新和勘探

方式的转变,开辟勘探新领域,努力推进储量提交由注重数量向数量与质量并重转变。

1. 强化勘探,扩大规模储量

在原有的规模储量区,通过转变地质认识、创新沉积理论、构建沉积新模式,开展更加精细的多层系立体勘探,进一步扩大了原有重点勘探区域的储量规模;创建并完善三角洲成藏理论、致密气成藏理论,实现了勘探从点上突破到面上突破,扩大了原有规模勘探区的优势;坚持在老区精雕细刻,注重多层系立体勘探、整体评价。

2. 提升勘探成效

坚持立足当前、着眼长远,进一步增强寻找和落实勘探接替领域的紧迫感和责任感,不断深化新区新领域勘探评价。

开辟以前没有勘探过的新方向,实现了一些新领域的突破,通过加强烃源岩、储层和油气分布规律研究,中生界油型气、长 7 油页岩、盆地中东部致密碳酸盐岩、横山堡地区以及祁连海域海相页岩气、上古生界煤系地层气等非常规天然气资源勘探效果显著。

加大浅层“小而肥”的油气藏勘探,通过开展黄土塬地震勘探技术攻关,精细刻画砂体,深化富集规律认识,如在宜川—黄龙和陇东地区勘探取得重大突破,新增天然气探明储量近 $260 \times 10^8 \mathrm{m}^3$,预测储量超过 $2000 \times 10^8 \mathrm{m}^3$,落实有利含气面积约 $5000 \mathrm{km}^2$。

3. 实施勘探开发一体化

围绕重点目标集中部署,将勘探、评价、开发进行一体化运行,淡化储量界限和专业界限。整体研究、整体部署、整体实施,提高勘探成功率,加快储量向产量的转化速度,也极大地提高了勘探收益。

通过勘探开发一体化部署,共同利用建设资源,减少了重复建设,促进了规模建产,整体开发,平均建设一个油气田的周期缩短到 1~3 年,个别区块甚至实现了当年勘探评价、当年投资开发、当年回报收益。

(二)确立长期稳健的发展路径

大力推进发展理念上的“四个转变”,即从重产量向重效益转变,从重地质储量向重经济可采储量转变,从靠投资拉动向靠创新驱动转变,从传统生产向精益生产转变,集聚发展新动能,探索低渗透油田高质量发展新模式。

第一阶段,转型调整期,2013—2017 年。坚持问题导向,探索制定适应长庆油田高质量发展的工作措施,逐步推进转型升级的各项工作,改善和调整粗放式的发展方式,在油气当量始终保持 5000×10^4 t 稳产的前提下,探索高质量发展模式的雏形。

第二阶段,模式形成期,2018—2020 年。发展方式由快速发展向高质量发展全面转型升级,原油产量稳定在 2400×10^4 t 左右;天然气产量向 420×10^8 m³ 稳步增长,油气当量保持 5000×10^4 t 以上,建成我国产量最高、效益显著、技术领先、管理科学的现代化油气公司。

第三阶段,稳健发展期,2021—2035 年。发展方式全面转变为高质量发展,原油产量继续保持稳定,天然气产量达到 500×10^8 m³,最终实现 5000×10^4 t 稳产 20 年以上。企业规模总量、质量效益、科技能力、生产效率、价值贡献等全面进入国际同行业前列,低渗透油田勘探开发水平达到国际领先。

(三)转变开发模式

(1)优化生产建设模式,有效控降投资成本。创新与施工队伍在管理上实施定产量、定工期、定新井贡献率、定投资、定质量、定安全环保及廉洁稳定指标的"六定"管理模式,强化责任落实与过程管控形成了以管理平台化、设计差异化、组织一体化、技术集成化、作业工厂化、配套智能化为主的"六化"项目管理新模式,确保了建设效果,单井产能保持稳定,贡献率逐年提高。大力推行"大井丛工厂化"作业模式,产能建设到位率提高 3.3 个百分点,综合投资成本降低 5%。

(2)核心指标引领,打造了油气效益开发新模式创新提出油田开发的"121"工程,通过目标引领、精细注采、加密调整、三次采油等一批油田稳产技术发挥了效果。气田开发提出"551"工程,重点在新区建产、老区加密、立体开发、排水采气和增产措施等方面做工作,使主力气田采收率可提高 5%以上,稳产期延长 2～3 年。

(3)挑战低渗透开发下限,形成致密油气效益开发新模式。长庆油田创新管理方式,按效益倒算成本的方式率先进行了致密油气试采开发,倒逼新技术、新装备的推广应用。全面推广水平井体积压裂、水平井分段改造、注水吞吐等技术,实现降成本、提单产、增效益,部分井 4 年试采累计产量超过 3×10^4 t,开发技术试验取得实质突破,攻关形成了长 7 致密油"甜点"优选、体积压裂等关键技术,探明并成功开发了国内首个亿吨级致密油田——新安边油田。推广致密气体积压裂技术、多层系立体化开发技术等,年稳产气 224×10^8 m³,5 年累计产气 1710×10^8 m³。

（四）转变管控模式

坚持走新型工业化道路，全面深化改革，强化合规管理，不断完善提升管理模式，赋予"四化"新的内涵，为生产方式、建设方式、管理方式、组织方式的变革增添了强大驱动力。

（1）推进信息化工业化深度融合，"四化"管理模式完善升级。将标准化延伸到了建设管理全流程，技术层面的标准化设计、油田标准化设计应用率超过 90％，标准化流程基层覆盖率超过 90％，标准作业程序普及率达到 100％。

将模块化的应用范围扩展到管理单元，以模块分解和模块集成为基础，对定型的模块进行统一布局、定位拼接，研发应用五大类 1330 台一体化集成装置，替代了 70％中小型站场，节约用地面积 60％，缩短建设周期 50％，降低投资 10％～20％。

将数字化向智能化持续深化，推进信息化与新型工业化深度融合，实现设备设施智能感知、物物相联、电子巡井、无人值守、站场自动运行，奠定了油气田现代化管理基础。

将市场化向构建新型共享合作关系转变，构建多个市场主体共同参与、平等竞争、互利双赢的市场化运作新格局。建立"关联交易＋"运行模式，充分发挥中国石油整体优势，坚持依靠市场配置资源，引入社会化队伍，持续推进社会化队伍由"数量型"向"质量型"转变。

（2）全面深化改革，企业发展活力显著增强。调整组建勘探事业部、油田开发事业部、气田开发事业部，全面建立了生产经营高效融合的管理机制。健全相关采气单位地质研究所和工艺研究所，整合"三院一中心"研究力量，基本构建了公司大科研平台和体系。持续推广远程监控、集中巡护、无人值守中心站管理，初步形成了适应稳产增效要求的组织管理模式。完成长庆石油勘探局公司制改制，深化矿区业务改革，平稳有序推进"三供一业"移交工作，油田精干高效的业务构架更加成熟。推进特困企业专项治理，超前完成了国资委挂牌督办目标。

（3）强化合规管理，经济运行安全得到保障。着力打造"大监督"体系，强化全方位的风险管理，创新内控管理，强化合同、招投标、市场准入、工程造价和法律事务管理，加大审计监督力度，大力加强党风廉政建设，积极构建"不能腐、不敢腐、不想腐"的体制机制，预防职务犯罪的"长庆—未央"模式被陕西省在大型国有企业推广，企业运行风险得到有效管控。

(五)转变技术创新方向

(1)搭建开放高效科技创新框架体系。建设了低渗透油田勘探开发国家重点实验室(中国石油先导性试验基地)技术创新平台,和十多所大学、研究机构及十余家中石油单位建立了长期技术创新合作关系,建成了勘探、开发、安全环保、低碳节能等先导试验区,形成了以"三院"为主体、生产单位"两所"为支撑的技术研发、应用、支撑一体化创新体系。先后承担国家863、973、重大科技专项6项,集团公司重大科技专项38项,发表论文595篇,获国家和省部级科技奖励104项。

(2)攻关形成低渗透油田勘探开发技术系列。攻关配套形成了具有世界先进水平的超低渗透油气田勘探技术系列,如创新形成了六项地震采集技术系列,储层预测符合率达75%,低对比度油层解释符合率达到78%,碳酸盐岩气层解释符合率达到80%以上;创新了以三维水平井钻井为核心的大井组工厂化钻井技术,水平井平均机械钻速提高了50%、平均钻井周期缩短27天。攻关定向井单缝压裂到水平井体积压裂的技术升级,水平井单井产量由建设初期的10t/d提升至目前的20t/d。自主研发了桥式同心分层注水、纳米微球深部调驱等特色技术,措施区域水驱储量动用程度提高2.8%,阶段自然递减降低0.6%,阶段采收率提高5%。创新应用老井侧钻水平井、长井段多层组合采以及桥塞气举排水采气等稳产技术,年增产气量超过 $17 \times 10^8 m^3$。创建了以"井下节流、井间串接"为核心的中低压集气工艺模式,单井投资由400万元降低到150万元,开井时率由67%提高至97.2%。

(3)完善科技创新与人才队伍保障机制。探索实施科研人员"双序列"和技术专家的评聘制,建立科技成果效益量化评价办法,实现科研成果精准奖励。加强复合型、大工种技能操作队伍建设,把工人创新、五小成果纳入公司科学技术创新奖评体系,科技奖励实现了全覆盖。加强专业技术队伍建设,打造知名专家团队,探索建立专家工作室,培育了一批有影响力的领军人才。

(六)转变企业形象

(1)构建质量安全环保新模式,实现企业与自然和谐发展。充分运用数字化信息技术,通过人防、物防、技防等措施,打造三道防线,落实四级责任,筑牢四级防控体系,全面提升环境敏感区油气泄漏防护能力。全面整改管道隐患突出问题,油田管道破损失效频次相比三年前下降近80%,形成了独具特色的"五大生态保护模式",即黄土塬、敏感区、林缘区、沙漠区、大气生态保护模式。在生产中对采出水、污水安装在线监测设备,污油、污水、污泥达标排放,污水回注率达到100%。

(2)推进以人为本新工程,实现企业与员工和谐发展。制定惠民工程规划,重点抓好前线住宿、就餐条件升级改造,一线如厕难、洗澡难、饮水难等问题持续改善。与社会医院合作,改善医疗条件,全面开展健康体检,落实带薪休假制度,职业健康保障服务水平进一步提升。建成13个社区日间照料中心,老人就餐、保健等社区服务能力持续增强。

(3)探索共享发展新局面,实现企业与社会和谐发展。积极履行国有企业三大责任,坚持"奉献能源、创造和谐"的企业宗旨。积极构建互利双赢、共享发展的新型企地关系,开展产业带动相关企业发展,吸纳十万余人参与油田建设。

第二章　低渗透油田的采油技术

　　"随着社会经济的快速发展,人们对能源的需求量越来越多,石油作为重要的传统能源之一,高效、高质量开采已经成为满足当今社会发展需要的必然选择,而我国开发中和待开发中的石油储备以低渗透油层为主,此类油层对开采技术的要求相比更高,所以提升低渗透油层的采油水平是我国在石油开采方面急需解决的问题。"[①]基于此,本章主要针对低渗透油田的采油技术展开探讨。

第一节　低渗透油田的物理法采油技术

　　物理法增产技术就是利用各种物理学理论和技术,改善储层渗透性和流体在储层中的渗流能力,增加油井产量,提高原油采收率。物理法增产技术具有适应性强、工艺简单、成本低、增产效果明显、无污染以及与"化学驱"优势互补等特点,受到国内外油田的广泛重视。

　　近年来,国内外关于物理法处理油层增产技术的研究和应用进展很快,已经在理论和实践中取得了很多研究成果,形成了系列的配套设备和工艺技术,如波场处理油层技术、电场处理油层技术、热场处理油层技术、磁场增产技术、高能气体压裂技术、高能水旋转射流技术、油层水力割缝技术、水力喷射穿孔技术及深穿透复合射孔技术等,使物理法增产技术日趋成熟。延长油田历经了一百多年的发展,其开发方式主要有天然能量开发和保持压力开发。利用天然能量开发是延长油田早期采用的一种开发方式,而保持压力开采是用人工向油气层内注水、注气或注其他流体,以向油气层输入外来能量保持油层压力,随着提高采收率技术的不断进步,注气开发、表面活性剂驱油、微生物驱油等开采方法也在油气区的局部区块开展试验。

---

　　① 刘玮玮.低渗透油层物理化学采油技术综述[J].中国化工贸易,2017,9(7):72.

一、井下低频电脉冲处理油层技术

井下低频电脉冲处理油层技术也称为电液压冲击法或电爆处理油层技术。该技术是将一对电极置于井中油气层部位,配以相应的工作介质,产生电弧放电,在地层中造成定向传播的压力脉冲。反复放电可在近井地带形成裂缝网络,改善地层渗透性,从而增加油气井产量。

(一)电脉冲对油层作用的效应

井下低频电脉冲采油技术的物理实质是高压击穿充满井内的局部介质,在容积很小的通道内迅速释放出大量能量。在液体中脉冲放电具有很高的能量密度,实际上是一种爆炸。电爆能够产生大密度的高压等离子体、强大的冲击波、脉动的蒸气瓦斯混合气体和脉冲电磁场。

在井下放电过程中,电爆炸会在两极间形成一个等离子区,产生冲击波并释放出大量的热,因此地层同时受到高温和连续强脉冲的共同作用。当冲击波以 10^{-6} s 的持续时间通过处理场时,在岩石中形成受力状态复杂的微裂缝网,这是由于当一系列脉冲作用于岩石时,在弹性变形或塑性变形的初始阶段,岩石的极限强度增大,而在结构破坏阶段产生破坏应力,在岩石中形成裂缝。在周期性强脉冲放电的不断作用下,还可将井筒内、射孔孔眼中及地层内的无机沉淀物、胶质及机械杂质堵塞物破坏、振落和移动,当等离子区达到最大时,空化作用不断产生。

空化现象是低频电脉冲处理油层技术的重要作用之一,空化作用产生的二次压力波的辐射作用,使地层内的压力高于井筒内的压力,形成较大压力梯度,迫使近井区域内被冲散的污染物质反吐到井筒内,从而可解除近井区域的地层污染,改善近井地层的渗透性。

低频电脉冲处理油层还可在一定程度上改变地层中束缚电荷的分布引起地层电性变化。这种电性变化以及油水两种介质对地层电性改变的反应差异,使这种技术不仅可以增产,在一定程度上还可以控制含水率。

(二)电脉冲对地层的适应性

电脉冲对地层的处理具有选择性。处理脆性致密岩石效果好,如灰质白云岩;处理塑性岩石的效果差;对于纵向非均质地层,处理效果最好的是低渗透、致密性地层。

用电脉冲处理石灰岩或灰质白云岩时,可与液体酸化配合进行,以便在酸的作用下,在岩石内形成通道,进而改善地层的渗透性。

井下低频电脉冲波具有强度大、能耗低、能量利用率高、频率低、有效作用半径大等优点,其不足之处是目前所用大多数井下放电仪的耐温性差,不适用于高温井。

二、井下超声波增产技术

随着采油技术的发展,超声波技术在油田开发中日益受到重视。利用超声波技术开发低渗透油藏,不仅能增产,而且能提高采收率。超声波井底处理技术是利用超声波的振动、空化作用和热作用等作用于油层,解除近井地带的污染和堵塞,以达到增注、增产目的的工艺措施。

超声波处理油层系统是以电提供能源,由地面声波发生机产生脉冲波、超声波和电功率振荡信号,经过电缆传输给井下大功率发射型换能器,换能器将交变电功率信号转换成机械振动能——声波,经流体介质耦合后进入地层,从而达到解除污染、堵塞、提高近井地带渗透性的目的。

(一)超声波的作用

超声波的作用主要体现在机械振动作用、空化作用和热作用三个方面。

(1)机械振动作用。机械振动作用是指地层弹性介质微粒机械振动的传播。在传播过程中,粒子的振幅、速度及加速度发生显著的变化,从而产生松动、边界摩擦、微裂缝、解聚等。

(2)空化作用。空化作用是指在振动脉动的作用下,液体中气泡成长和崩溃的过程以及伴随发生的一系列现象。地层在振动中孔隙通道的周期性胀缩使大的气泡经过一系列破灭后分裂成新的小气泡。这种空化作用一方面可以减小气阻;另一方面在气核崩溃间形成的激波又可以促进裂缝的产生和局部温度的上升。

(3)热作用。超声波在传播介质内部的吸收、在不同介质的分界处的摩擦及空化作用在气泡崩裂时释放大量的热量,是热作用能量的三种主要来源。

上述超声波的三种作用不是孤立的,而是互相交织在一起并存的。不同的振源强度及频率,三种作用的比例也不同。

(二)超声波对油层的效应

1. 解除地层堵塞

流体流经孔道时,由于其黏滞性,会在孔道中形成附面层,附面层的存在对储层毛细管孔隙的有效半径影响很大,将使毛细管流动半径减小,渗流量降低,若油层流体内含有的细小固体物质吸附在附面层上,就可造成油层的堵塞。由于超声波具有极强的穿透能力,可穿透附面层,并引起油层的固体介质和液体介质的非同相振动,从而破坏、剥落附面层,使"黏着"的颗粒脱落。

当超声波的强度和频率达到一定值时将产生空化现象,在地层的裂缝或孔隙表面发生重复空化爆发,这些爆发所引起的瞬时压力也可将黏附在孔隙或裂缝表面的颗粒炸掉,被流动着的流体迅速带走,达到油层解堵的目的。

超声波在油层内的空化作用还可消除气阻现象。这是由于空化作用是以油层内的气核为对象,气核在拉伸期膨胀而具有一定的速度,并靠着惯性达到最大值,在压缩期间迅速减小,直至崩溃,从而消除气阻。

2. 形成会聚效应

石油、岩石和水的声阻抗是不同的,当超声波在饱和石油和水的地层内传播时,不同介质内的声波之间发生耦合作用,在自由界面或两种介质的交界处产生新波,这种新波本身之间或新波与母波之间产生干涉作用,形成应力集中的现象,称为会聚效应。会聚效应造成不连续的应力分布,可在岩石抗拉强度较小处形成微裂缝而不破坏整个岩层的结构。

3. 提高油层渗透率

油层未受声波扰动时,其内部处于压力平衡状态。当受到超声波作用时,其内部会产生一些直流定向力,其中最主要的是径向声辐射压力和伯努利力。直流定向力的产生破坏了油层原有的压力平衡,使毛细管半径发生时大时小的变化。这就使原来毛细管力和重力的平衡关系被打破,束缚在毛细管中的残余油就会在重力与声波的振动作用下流入井内,宏观上表现为油层渗透率提高、产量增加。

4. 降低原油黏度

(1)解聚降黏。所谓解聚作用,是针对高分子化合物的原油在高频高强度的超声波作用下做强迫机械振动,使分子具有较大的加速度,形成分子间的相对运动,在分子的惯性作用下,高分子化合物的分子键断裂,大分子被粉碎,尤其在空化作用下,这种解聚作用更为明显,结果致使原油黏度降低,提高了原油在地层中的流动速度,有利于提高油井产量。

(2)热降黏。超声波热作用的结果使原油的温度升高,黏度降低,流动阻力减小,在一定地层压力下的产量提高。超声波的穿透能力强、施工井反应迅速、见效快,但其频率高(大于 20kHz),能量在地层中衰减快,有效作用范围小,一般只能解除井壁或井底附近的堵塞。

三、水力振荡解堵技术

水力振荡解堵技术是利用液体流过井下振荡器时产生的周期剧烈振动,在井底产生水力脉冲波,并直接作用于地层,以解除井底污染,恢复近井地带地层渗透率,达到油、水井增产、增注的目的。

(一)水力振荡器的工作原理及频率选择

水力振荡器的种类不同,其工作原理也不同。现介绍目前国内常用的赫姆霍尔兹腔形水力振荡器的工作原理及频率选择。

1. 工作原理

水力振荡器的振荡作用是在赫姆霍尔兹空腔内发生的,如图 2-1 所示。

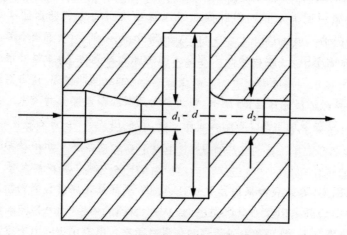

图 2-1　赫姆霍尔兹腔形结构示意图

当一股稳定的连续高压水射流由喷嘴 d_1 射入,穿过一轴对称腔室,经喷嘴 d_2 喷出时,由于腔室内径 d 比射流直径大得多,因此,腔内流体流动速度远小于中央射流速度,在射流与腔内流体的交界面上存在剧烈的剪切运动。如果是理想流体,则在交界面上速度不连续,存在速度间断面。而对于实际流体由于黏性的存在,交界面两侧的流体必然会产生质量交换与能量交换,交界面上速度是连续的,但在其附近存在一个速度梯度很大的区域。在此区域内因剪切流动而产生涡流。由于是轴对称的圆孔射流,故涡流线将构成封闭的圆环,涡流以涡环的形式生成和运动。

在剪切层区产生了涡流,射流中心处(剪切内层)的流速会更高,腔室壁面附近(剪切外层)的流速将更低,根据伯努利方程,内层压力降低,外层压力升高,在压差作用下,促使腔室壁面流体向心流动,涡旋将随射流向下游移动。

射流剪切层内的有序轴对称扰动(如涡环等)与喷嘴 d_2 的边缘碰撞时,产生一定频率的压力脉冲,在此区域内引起涡流脉动(这也是一种扰动)。剪切层的内在不稳定性对扰动具有放大作用,但这种放大是有选择性的,仅对一定频率范围内的扰动起放大作用,如扰动频率满足这个范围,则该扰动将在剪切层分离和碰撞区之间的射流剪切层得以放大。经过放大的扰动向下游运动,再次与喷嘴 d_2 的边缘碰撞,又重复上述过程。碰撞产生的扰动逆向传播,实际上是一种信号反馈现象。

因此,上述过程构成了一个信号发生、反馈、放大的封闭回路,从而导致剪切层大幅度地振动,甚至波及射流核心,在腔内形成一个脉动压力场。从喷嘴勺喷出的射流的速度、压力均呈周期性变化,从而形成脉动射流。这种流体动力振荡的产生不需加任何外界控制和激励条件,故称自激振荡。

根据流体流过赫姆霍尔兹空腔时产生的周期性压力振荡频率与射流速度、腔体尺寸的关系,可将赫姆霍尔兹腔内的振荡分为两类:流体动力振荡和声谐驻波振荡。

流体动力振荡表现为剪切层自持反馈式振荡,其振荡频率与射流速度近似成正比,而与腔深关系不大;声谐驻波振荡表现为腔室内剪切层中声谐波的强烈耦合作用,即腔室内产生的表现为声波形式的高频压力脉冲信号的反射波与入射波叠加的结果,其振荡频率与速度关系不大,而与腔深近似成正比。

2. 振荡频率

由水力振荡器产生的压力振荡波作用在油层部位,将在油层孔道中传播,由于实际流体具有黏性,流体质点与孔道壁面间存在摩擦阻力,而使压力波的能量逐渐损失。不同频率的压力波,能量损失的速度也不一样,因此,必须选择合适的振荡频率,以处理不同情形的近井地层。

压力波在孔道中的传播可看作一元不稳定流动,其连续性方程和运动方程分别为:

$$\frac{\partial p}{\partial t} = \rho_1 c^2 \frac{\partial u}{\partial x} \qquad (2\text{-}1)$$

$$-\frac{\partial p}{\partial x} = \left(\frac{\rho_1 \lambda}{2 d_{pe}}\right) u^2 + \rho_1 \frac{\partial u}{\partial t} \quad\quad (2\text{-}2)$$

式中：p ——振荡波动压力，Pa；

$\quad\quad u$ ——流体在孔道中流动的断面平均流速，m/s；

$\quad\quad x$ ——压力波传播距离，m；

$\quad\quad t$ ——压力波传播时间，s；

$\quad\quad \rho_1$ ——流体密度，kg/m^3；

$\quad\quad c$ ——流体中的声速，m/s；

$\quad\quad \lambda$ ——水力摩阻系数；

$\quad\quad d_{pe}$ ——当量孔道直径，m。

求解得：

$$c^2 \frac{\partial^2 u}{\partial x^2} = \frac{\nu}{d_{pe}} u \frac{\partial u}{\partial t} + \frac{\partial^2 u}{\partial t^2} \quad\quad (2\text{-}3)$$

对于孔隙介质：

$$\lambda = \frac{2\nu\phi}{u}\sqrt{\frac{\phi}{K}} \qu\quad (2\text{-}4)$$

式中：ν ——液体的运动黏度，m^2/s；

$\quad\quad \phi$ ——岩石孔隙度；

$\quad\quad K$ ——岩石渗透率，D。

流体振荡时的流速用 $u = U(x)\exp(\mathrm{j}\omega t)$ 的形式表示，则上述流体波动方程变为：

$$c^2 \frac{\mathrm{d}^2 U(x)}{\mathrm{d}x^2} = jn\omega U(x) - \omega^2 U(x) \quad\quad (2\text{-}5)$$

$$n = \frac{2\nu\phi}{d_{pe}}\sqrt{\frac{\phi}{K}} \qu\quad (2\text{-}6)$$

$$\omega = 2\pi f \qu\quad (2\text{-}7)$$

式中：ω ——角频率，rad/s。

式(2-5)的边界条件为：$U\big|_{x=0} = U_0$，$\dfrac{\mathrm{d}u}{\mathrm{d}x}\Big|_{x=0} = 0$。$U_0$ 为孔隙通道入口处压力波的速度振幅。

求解上述线性常微分方程，可得到流速波动幅值 U 随孔道中传播距离光的衰减关系。不同频率的振荡波，其衰减程度也不相同。高频下的压力波，其能量衰减很快，渗入地层孔道的距离较短，其优点是能量较集中；当振荡频率较低时，其能量损耗较慢，渗入地层的深度变大，但是其能量不集中，不利于波动对近井地带固有沉积物及堵塞物的清除。基于这种情况,考虑到赫姆霍尔兹腔内剪切层的高频扰动以及中、低渗油层机械杂质堵塞一般发生在近井壁周围,在堵塞与污染深度不大的情况,一般的设计频率为4kHz,这种振荡波的有效渗入深度可达10cm左右,再加上射流对井筒壁的冲刷作用,能达到消除近井地层污染的目的。

(二)水力振荡工艺

1.工艺原理

水力振荡工艺是把水力振荡器对准油层,在地面将液体泵入井下并通过水力振荡器产生高频水力脉冲波。水力脉冲波可在流体内建立起振动场,以强烈的交变压力作用于油层,在油层内产生周期性的张应力和压应力,对岩石孔隙介质产生剪切作用,使岩石孔隙表面的黏土胶结物被振动脱落,解除孔喉堵塞。

对于堵塞于近井地层孔道中的机械杂质,在脉冲振荡波的作用下,杂质与孔道壁间的结合力将在疲劳应力下遭受破坏,使其振动脱落,并在洗井过程中被排出井筒,达到解除油层杂质堵塞的目的。当压力波幅度和强度达到或接近岩石破裂压力时,地层近井地带就会形成微裂缝网,在周期性压力作用下,随着波动的深入,逐渐撑开地层深处的裂缝。高频压力波对油层流体的物性和流态也会产生影响,可改变固液界面动态,克服岩石颗粒表面原油的吸附亲和力,使油膜脱落、破坏或改变微孔隙内毛细管力的平衡,克服毛细管力的束缚滞留效应,减小流动阻力。

与此同时,振荡波也会对地层中的原油产生影响。在交变应力作用下,可以改变原油结构,降低其黏度,加快原油向井底流动的速度。

此外,振荡波还可提高驱油效率,缩短驱油时间。

2.工作液

工作液是振动系统的工作介质,它涉及传递振动能量的效率、排除油层堵塞物的难易程度、与地层的配伍性及洗油效果等,一般要求工作液黏度低、密度低,不与地层及地层流体发生沉淀反应,不使地层发生黏土膨胀,不与地层流体乳化并能降低界面张力。目前,现场使用的工作液有清水、注入水、活性水、原油、活性原油和复配工作液等,应根据油层性质及油层流体性质进行选择。

利用赫姆霍尔兹腔的井下水力振荡解堵技术的适应性强、有效率高,但由于受腔体尺寸限制,其振荡频率较高(4kHz),有效作用半径较小,一般用于解除井底附近的堵塞。

此外,利用赫姆霍尔兹腔或风琴管谐振腔制成的注水嘴也可起到增注效果。延长油田属特低渗透岩性油藏,孔隙度、渗透率相对较低,该技术与其他增产措施相比较效果不明显。

四、高能气体压裂技术

高能气体压裂是一种独特的油气井增产新工艺。它既不同于爆炸压裂,又区别于水力压裂。它亦称爆燃压裂、可控脉冲压裂、热气化学处理或多缝压裂。高能气体压裂技术具有显著的优越性,但就当前国内外的技术水平来看,高能气体压裂的压裂规模还远不及水力压裂,为了提高其成功率和压裂效果,必须严格选井、选层工作。

(一)适用岩性

高能气体压裂由于加载速率较高,从而决定了其适用的岩层是脆性地层,对于塑性地层则不是很适用,而对泥岩地层,反而可能产生“压实效应”,适用于高能气体压裂技术的岩性有石灰岩、白云岩和泥质含量较低(小于10%)的砂岩。不太适用于高能气体压裂技术的岩层有泥岩、泥质含量较高的(大于20%)泥灰岩和砂质泥岩等。此外,胶结疏松的砂岩地层,压后可能引起严重的出砂问题,应慎重对待。

由于高能气体压裂只能降低渗流阻力,所以只适用于地层压力高、含油饱和度高的油层。由于注水井底经常处于高压状况,高能气体压裂增注效果优于油井增产效果。

(二)适用井层

(1)探井在钻井过程中,如果由于钻井液或完井造成油层污染,此时无论是水力压裂还是酸化都没有高能气体压裂方便、简易。无论探井钻遇到什么岩性、油层物性是好还是坏,都可以运用高能气体压裂技术。

(2)高能气体压裂技术特别适用于处理地层能量高、含油饱和度高、井底附近被伤害的油气层,也适用于物性差的低产层,甚至停产层。

(3)注水井。利用高能气体压裂,一方面可解除近井地带的污染堵塞;另一方面,产生的径向多裂缝体系改善了注水驱替前沿,调节由层间差异造成的不合理注水剖面,从而增强油藏整体开发及注水效果。

(4)天然裂缝较为发育油气层的改造。高能气体压裂产生的径向多裂缝体系增加了与天然裂隙沟通的机会,从而可以利用地层的天然裂隙获得较好的增产效果。

五、人工地震处理技术

"低渗透油藏的开发是一个世界性难题,但开发特低渗透油藏对稳定国内石油产量具有重要意义。"[1]人们首先发现天然地震对原油产量有影响。振动处理法能够对整个油层进行处理,使油井的原油产量提高,并降低油井含水量。

(一)人工地震采油机理

(1)振动加快了地层中流体的流速。

(2)振动能降低原油黏度,改善流动性能。

第一,油层受迫振动,使孔隙里的原油连续不断地受到拉伸和压缩作用,这种重复作用使原油结构遭受剪切破坏而使原油黏度降低。同时,地层拉伸、压缩作用产生高压梯度,使难以流动的原油开始运动。

第二,油层振动后,流体在渗流时产生与气体脉动有关的效应,即气泡出现定向迁移,原油也随之做定向迁移。

(3)振动具有改善岩石表面润湿性的作用。

(4)振动有利于清除油层堵塞及提高地层渗透率。

(5)振动可以降低驱动压力,提高采收率。

(二)人工地震采油工艺

1. 技术准备

合理选择地震参数,使人工震源所建立起来的波动场能有效地传到油层,并能有效地控制地震公害。

(1)人工震源。人工震源由调频起震机和可调重的基础构成,是人工地震法采油的关键。

(2)井下测试与分析系统。

(3)振动公害监测与分析。

2. 工艺程序

(1)振动区块选择。选择区块应坚持的原则包括:①注采系统基本完

---

[1] 李永宏.低渗透油田采油技术综述[J].中国化工贸易,2015(7):202.

善;②油层连通性比较好;③低渗透区块可优先选择;④油层有无污染均可以;⑤距震源180m范围内无重要建筑物和设施。

(2)震源设置。设置震源时应满足:①震源与井场的距离要大于20m,180m以内无民用建筑;②震源地面要平、夯实,无积水;③供电、交通力求方便。

(3)震动采油。

(4)生产动态监测与效果评价。

第二节　低渗透油田的化学法采油技术

一、低渗透油田酸化工艺

酸化是一种使油气井增产或注水井增注的有效方法。它是通过井眼向地层注入一种或几种酸液或酸性混合液,利用酸与地层中部分矿物的化学反应,溶蚀储层中的连通孔隙或天然(水力)裂缝壁面岩石,增加孔隙和裂缝的流动能力,从而使油气井增产或注水井增注的一种工艺措施。对于低渗透油田而言,由于储层渗透率较低,生产井容易堵塞,渗流油水井间连通性较差,酸化解堵(增注)措施是增产措施中施工井次最多的常规措施之一,故酸化技术的进步以及酸液对储层的适应性对低渗透油田的高效、可持续性开发有着重要意义。

低渗透油田常规酸化施工一般主要针对生产油井而言。酸化的目的主要疏通低渗透率出油孔道,开发挖掘低渗透油层产油潜力,清除油井开发或开采过程中产生的砂粒运移及结垢物对油层孔道的伤害。然而,低渗透油藏除了具有低渗透特性外,同时又具有非均质性极强特点,同一井位不同层位以及同一井位同一层位中,岩石渗透率值级差较大,而且不排除天然裂缝的存在,况且在开采初期就采取过酸压人造裂缝措施。由于地层本身的特性以及投产前采取的酸化压裂人工造缝的影响,在不采取其他任何措施条件下,进行常规酸化施工,往往会造成酸化过程中酸液的指进现象,从而使酸液不能按设计方案进入低渗透层位或伤害层位,无法达到酸化的目的,严重影响酸化效果。因此,酸化作业中酸液的合理分流和驱替将是酸化成功的关键环节之一。

(一)低渗透油田酸化反应及过程

砂岩由砂粒和胶结物组成。砂粒包括石英、长石及各种岩屑。石英和长石同属架状结构的硅酸盐矿物。长石有正长石、斜长石等;砂岩的胶结物有碳酸盐、黏土矿物高岭石、伊利石、蒙脱石、绿泥石以及微晶二氧化硅等。鉴于大多数黏土矿物的成因特点,即使是同一种黏土矿物,处于不同的地层,其化学组成实际上亦有很大的变化,因此,不可能用某一化学式把某种类型的黏土矿物表示出来,实际上,黏土矿物的任何化学分析都是平均值。

在黏土矿物结构中都含有一定量的结晶水,有一定量的离子替代或交换,还有混层的黏土矿物。在一定条件下,黏土矿物之间可能进行转化,如蒙脱石可转化为伊利石,高岭石可转化为蒙脱石。随着地层深度增加,地层温度和压力上升,黏土矿物总的转化趋势是高岭石、蒙脱石逐渐减少,绿泥石和伊利石增多。

1. 酸岩反应

对砂岩地层进行酸化的目的是解除近井地带的黏土伤害或施工滤液引起的地层伤害,以及采油过程中可能引起的伤害,以增加地层渗透率。处理砂岩地层一般使用土酸酸化。氢氟酸和盐酸的比例可根据胶结物的组成进行调整。

用土酸进行受伤害地层的基质酸化,其产量增长最为明显,对于未受伤害地层,在多数情况下酸化效果并不显著。活性氢氟酸的穿透距离取决于地层中黏土的含量、地层温度、氢氟酸初始浓度、反应速率以及泵排量。

2. 工艺过程

土酸与砂岩地层的化学反应会生成氟硅酸和氟铝酸。它们能与井筒附近流体中的 K^+ 或 Na^+ 生成不溶性沉淀,例如:Na_2SiF_6、K_2SiF_6、Na_3AlF_6等,这些胶状沉淀占据被溶蚀的孔隙空间造成二次伤害。因此,在注入土酸前要用由质量分数为 5%~15% 的盐酸+缓蚀剂+其他添加剂配成的前置液对地层进行预处理,将井筒内的水及近井地带含有 K^+ 和 Na^+ 的原生水替置;同时用盐酸溶解碳酸盐岩,以防止它同氢氟酸反应生成 CaF_2 沉淀。

土酸中盐酸的作用在于保持酸化液的低 pH 值,抑制氢氟酸反应生成沉淀。此外,盐酸也可能与酸化过程中暴露出来的碳酸盐胶结物反应。在常规土酸酸化液中,氢氟酸的质量分数一般不高于 3%,避免因砂粒间胶结物溶解过多而破坏地层岩石结构。对于某些结构坚固的砂岩地层,也可以用含质量分数 5% 的氢氟酸的酸液。

为了提高土酸处理效果,须把氢氟酸全部顶替到地层中去。顶替液可用质量分数 5%~12% 盐酸、活性水或油品。如果需要,顶替液中尚需加入助排剂、防乳化剂等。注入顶替液后 1h 内就应返排残液。由于在残酸中氢氟酸的浓度已很低,溶解在残酸中的氟硅酸可能发生如下水解反应,产生硅质胶状沉淀,即所谓的二次沉淀。

残酸中还可能有脱落的微粉、黏土,也可能在酸化后形成乳化液,这些因素都可能对地层造成伤害。及时返排残酸,恢复生产,能减少这些伤害。

(二)低渗透油田缓速酸酸化技术

在常规酸化施工中,由于酸岩反应速率快,酸的穿透距离短,只能消除近井地带的伤害。提高酸的浓度可增加酸穿透距离,但又产生严重的泥沙及乳化液堵塞,给防腐蚀带来困难,尤其是高温深井。常规酸化的增产有效期通常较短,砂岩经土酸处理后,由于黏土及其他微粒的运移易堵塞油流通道,造成酸化初期增产而后期产量迅速递减的普遍性问题。酸化压裂也会因酸液与碳酸盐作用太快使离井底较远的裂缝不容易受到新鲜酸液的溶蚀。因此,必须运用缓速酸技术对地层进行深部酸化以改善酸处理效果。

鉴于酸与地层的反应是多相反应,可通过研究以下过程来增加酸岩反应时间,降低酸岩反应速率:

(1)活性酸的生成:在多数情况下,活性酸由地面泵入。缓速酸中有一大类潜在酸,即在地层条件下产生活性酸,其生成属于慢反应。

(2)酸至反应壁面的传递:该过程是在扩散、对流混合、由密度梯度引起的混合或地层漏失等作用下进行的。

(3)酸与岩石表面反应。

(4)反应产物从岩石表面扩散到液相。

上述步骤中,慢反应决定活性酸的作用时间。

1.缓速酸酸化处理液的作用

为了防止 Fe^{3+} 沉淀,减少因二次沉淀、黏土矿物运移等造成的伤害,通过提高配方的针对性,并对地层进行深部酸化,以增加酸化效果。国内外各大油田的缓速酸酸化工艺步骤一般为:注预处理液—注前置液—注处理液—注后置液—注顶替液—关井反应—返排。具体的工艺步骤要根据井的实际情况和所用的酸液来设计。各种处理液作用如下:

预处理液:解除有机物堵塞,清除岩石表面的原油,有利于酸液与地层接触反应。

前置液:解除地层可能与处理液产生的某些堵塞或滤失。

处理液:解除地层主要伤害,提高近井地层渗透率。

后置液:把主体酸潜入地层深部,达到深部酸化的目的,并防止近井地带产生二次沉淀。

顶替液:把处理液潜入地层,防止酸液对管柱造成腐蚀。

2. 潜在酸酸化

潜在酸酸化是指在地层条件下,通过化学反应产生活性酸进行酸岩反应,以提高地层深部的渗透率。目前研究和现场运用较多的是利用卤盐、卤代烃、低分子有机酸酯以及氟硼酸生成盐酸或氢氟酸进行酸化。

(1)相继注入盐酸氟化物法。相继注入盐酸氟化物法(即 SHF 法)是利用黏土矿物的离子交换能力在黏土颗粒表面就地生成氢氟酸的酸化法,适用于砂岩地层的酸化。

1)SHF 工艺的酸化原理。首先向地层泵入不含 F^- 的盐酸溶液,盐酸中的 H^+ 与地层中黏土接触,置换黏土中的 Na^+,使黏土转变为酸性黏土。然后,再向地层泵入中性或弱碱性的 F^- 溶液。当溶液与酸性黏土颗粒接触时,F^- 结合黏土中的 H^+ 便产生氢氟酸,从而溶解部分黏土。

由于黏土中的蒙脱石等成分具有显著的离子交换特征,而砂粒的离子交换能力低,因此 SHF 工艺对黏土伤害的油层更为有效。把含 H^+ 的盐酸和含 F^- 的氟化铵溶液交替重复注入井中,并适当调整溶液的浓度和用量,可以得到预期的有效作用距离。

2)SHF 酸化工艺。SHF 酸化工艺处理按步骤注入液体:①预处理:注入 5%(质量分数)的盐酸以清除碳酸盐的地层原生水,使黏土颗粒质子化;②泵入 3%(质量分数)的氢氟酸和 12%(质量分数)的盐酸,清除近井附近伤害,改进注入性能;③泵入 2.8%(质量分数)的氟化铵;④泵入 5%(质量分数)的盐酸;⑤顶替液:用盐酸、氯化铵水溶液、柴油或煤油。

以上各步骤须配以所需的酸液添加剂。其中③和④组成 SHF 的一个程序,通常需要 3~6 个程序交替注入。

在施工过程中,步骤③和步骤④的溶液不能相互混合。其界面的混合取决于流体间的密度差、处理深度、管壁粗糙度、雷诺数和管径。

3)对 SHF 工艺的评价。SHF 工艺由于在地层内部生成氢氟酸,其酸穿透深度大,适用于深部油层黏土伤害的解除,对整个伤害层的渗透率有普遍提高。国外矿场试验表明:施工后等均日产可增加 2.5 倍,有效期长达两年以上,有明显的经济效果。并且对设备腐蚀性小,不会破坏砂岩胶结,排液迅速。缺点是工艺复杂,酸对岩石溶解能力较低。

(2)自生土酸酸化。所谓自生土酸酸化,是利用一些化合物能以可控制的速度产生有机酸,然后与含氟离子的溶液反应,在地层中生成氢氟酸用于地层深部酸化的一种酸化增产工艺。自生土酸体系包括有机酯水解形成羧酸和羧酸与氟化铵反应形成氢氟酸因为水解反应被温度活化,所得的酸性没有土酸强,因此得到了期望的低腐蚀速率,并延缓酸岩反应速率,后者将得到深的活性氢氟酸的穿透距离。通常使用低分子酯水解产生有机酸。

(3)氟硼酸酸化。氟硼酸酸化技术是自 20 世纪 70 年代末发展起来的,应用氟硼酸酸化的目的在于达到低渗透砂岩油气层的深部酸化,克服酸化初期增产后产量迅速下降的普遍性问题。

与氟硼酸同类的含氟酸,如氟磷酸、二氟磷酸和氟磺酸都是可通过水解产生氢氟酸的潜在酸。

氟硼酸是强酸,对玻璃等硅质具有腐蚀性。其钾盐、铷盐、铯盐不溶于水,因此可用生成氟硼酸钾沉淀的方法定量分析 HBF_4 含量。

1)影响氟硼酸对黏土溶解能力的因素。温度和酸浓度是影响氟硼酸溶解能力的重要因素。可以通过实验选择氟硼酸酸化的最合适酸浓度。在氟硼酸溶液中加入少量盐酸能提高 $HBF4$ 的水解速度,降低其用量。若加入少量硼酸则能抑制水解反应,从而降低反应速率和黏土的溶解量。

2)氟硼酸酸化工艺。氟硼酸酸化工艺步骤一般按设计进行:①注入用过滤淡水配制的质量分数为 3% 的 NH_4Cl 溶液,以确定渗透率及注入速度;②注入质量分数为 12%~15% 的盐酸以隔离地层并溶解钙质组分;③挤土酸以清除井壁周围的黏土矿物;④注入质量分数为 3% 的 NH_4Cl 溶液作为隔离液;⑤挤入氟硼酸;⑥顶替:用质量分数为 3% 的 NH_4Cl 溶液或柴油作为顶替液。

3. 泡沫酸酸化

泡沫酸用于油气井的增产处理已有多年历史。与其他酸液相比,泡沫酸具有液柱压力低、滤失率低、黏度较高、悬浮力强、用量小、对地层伤害小、返排性好、酸液有效作用距离长、施工比较简便、综合成本较低、经济效益高等优点。因此,用泡沫酸进行酸化作业受到油田工作者的普遍重视,并在各大油田取得了显著效果。

(1)泡沫酸的组成。酸液可以是盐酸、氢氟酸、乙酸及混合酸等。气相可选用氮气、空气和二氧化碳。空气中含有氧,会加速对金属的腐蚀。起泡剂多选用阳离子表面活性剂或非离子表面活性剂,如有机胺、聚氧乙烯烷基酚醚、聚氧乙烯烷基醇醚、聚乙二醇等。阴离子表面活性剂烷基磺酸盐也可用作起泡剂,但泡沫酸稳定性稍差。稳定剂可选择水溶性高分子,如瓜尔胶、黏土、超细 $CaCO_3$、SiO_2 等。

(2)泡沫酸的性质。泡沫酸是用泡沫剂稳定的一种液包气乳化液,是气体分散在酸溶液中形成的分散体系。泡沫的质量(Γ)是表征泡沫酸性能的重要参数,它与泡沫的稳定性密切相关。它是指在一定的温度和压力条件下,气泡体积在泡沫体积中所占的比例。例如,由 70%(体积分数)的气体和 30%(体积分数)的酸液组成的泡沫称为 70% 质量的泡沫。由于泡沫中气相的体积是可变化的,因此温度和压力能引起泡沫质量的变化。

根据泡沫质量,可以把泡沫分成 4 个区域:当 Γ 为 0～52% 时称为泡沫分散区,泡沫球体互不接触,属牛顿流体;当 Γ 为 52%～74% 时称为泡沫干扰区,泡沫之间开始相互干扰和冲突,黏度和动切力增加;当 Γ 为 74%～96% 时称为第三区,属泡沫稳定区,气泡由球体转变为平行六面体,流型为宾汉或假塑性流体;Γ 大于 96% 时称为雾区。

泡沫质量太低或太高都会使泡沫易于破裂而不稳定。

1)泡沫酸的稳定性。泡沫酸体系的稳定性取决于泡沫是否稳定,这关系到酸化施工的成败。泡沫酸的稳定性保证了注入过程中失水量低,泡沫液能进入地层深部。影响泡沫酸稳定性的因素如下:

第一,表面膜弹性和表面黏度。表面膜弹性是指表面膜变薄后,靠自身修复以恢复原厚度的能力。在外力冲击下,表面膜延展变薄是泡沫破裂的最初阶段。如果吸附于表面膜的表面活性剂和溶液通过在表面的迁移使表面膜重新稳定,则称该泡沫表面膜弹性高。起泡剂和泡沫稳定剂的性质以及在膜面的吸附密度与表面膜弹性密切相关。吸附于表面膜气液界面的表面活性剂分子之间相互作用力大,则表面黏度高,膜强度也高。如表面活性剂分子之间形成高强度的混合膜,或通过氢键使聚合物分子形成网状结构,或表面活性剂分子形成液晶结构,都能使液膜表面黏度增高,从而导致泡沫稳定性大大提高。对于泡沫酸,这一泡沫稳定性机理同样适用,不过应当选用耐酸的表面活性剂作起泡剂。

第二,液相黏度。增加液相黏度,可增加液膜的表面黏度,抑制表面膜变薄,泡沫酸体系稳定性增加。可通过加入耐酸、耐高温的高分子化合物提高液相黏度。

第三,泡沫质量。在一定范围内,泡沫质量高,稳定性好。通常使用的泡沫酸,其泡沫质量为 60%～80%。

第四,有机溶剂的作用。有些起泡剂需要有机溶剂(如醇、酮类)作溶剂或稳定剂。部分醇类有消泡作用,如乙醇。而有些醇则有一定稳定作用,如某些高级脂肪醇。因此,将醇加入泡沫酸体系时,要做配伍性试验。

第五,温度。温度升高,气体分子运动加快,泡沫稳定性下降。

评定泡沫稳定性的方法有定析液量法、最大析液速度法、露点评定法和倾注法,其中定析液量法比较简便。该法是将制好的泡沫酸倒入具有刻度的容器(如量筒)并在一定温度下养护。以液体从泡沫中析出 50%或 70%所需时间作为泡沫稳定性参数,时间越长,则稳定性越好。

2)泡沫酸的黏度和流变性。泡沫酸的表观黏度与泡沫质量、剪切速率、液相黏度和泡沫结构密切相关。根据泡沫质量的大小和液相的差异,泡沫酸的流变模式可采用宾汉、幂律或屈服假塑性流变模式来表示。

由于泡沫酸表观黏度大于其液相黏度,尤其当泡沫质量大于 52%时,黏度和动切力急剧增加。与常规酸比较,泡沫酸滤失量更低,残酸携带微粒能力强,尤其在低剪切速率的地层缝隙中更为明显。泡沫酸化施工能否成功,一个很重要的因素就是所选用的泡沫酸化液的性能,故对泡沫酸液流变性能的测试是优化泡沫酸液配方的一个最佳途径。

3)酸岩反应速率。在泡沫酸体系中,H^+ 向岩石表面的扩散受泡沫阻碍,使路径复杂化。而且,体系的高黏性也降低了 H^+ 的扩散速率,使酸岩反应速率降低。

4)返排。泡沫酸具有气举排液、返排迅速的特点。泡沫酸施工后,井口压力低,能促使气体迅速膨胀并携带残酸及微粒返排。经取样分析,泡沫酸残酸携带微粒是常规酸的 5~10 倍。

(3)泡沫酸酸化工艺。泡沫酸是用稳定剂稳定的气体在酸溶液中的分散体系。气相一般为压风机供给的气体;根据油井情况,液相采用不同的酸液。将泡沫酸液泵入渗透率较高的含水层,使流体流动阻力逐渐提高,进而在喉道中产生气阻效应。在叠加的气阻效应下,再使气泡酸液进入低渗透地层与岩石反应,形成更多的溶蚀通道,以解除低渗透层的伤害、堵塞,改善油井产液剖面,最后注入泡沫排酸液,排出残酸。

泡沫酸基质酸化通常先用泡沫液对需要施工的层位进行预处理,起到独特的效果。因为泡沫首先进入高渗透地层并在喉道中产生气阻效应,通过叠加的气阻效应使流体流动阻力逐渐提高,然后注入泡沫酸对低渗透地层进行酸化。泡沫酸对石灰岩的酸化可得到长而均匀、分支较小的溶蚀孔道。这实际上就是泡沫封堵和泡沫酸酸化的综合分层酸化技术。泡沫酸可以采用质量分数 10％～15％盐酸作液相,也可以采用大于 25％(质量分数)的高浓度酸酸压,增加酸作用距离和处理效果。若用有机酸如氨基磺酸作为液相,则更具缓速、缓蚀的特点。采用混合酸,其配方(质量分数)为 10％ HCl＝1＋2％～5％ HF＋1.5％～5％ HAc 等,能获得高稳定性泡沫。

泡沫酸压裂酸化产生裂缝的能力较大,裂缝导流能力好,酸化半径大,适合于厚度大的碳酸盐岩油气层,也适合于重复酸化的老井和水敏性地层。

泡沫酸压裂酸化一般应注入前置液(如高浓度 HCl 或 HCl＋HAc,也可用凝胶水)。前置液可以疏通近井地带阻力,减少酸压阻力。然后注入泡沫酸,最后用 KCl 泡沫盐水顶替。

近年来,国内各油田对低渗透、低压油田的开发、改造采用常规压裂酸化技术,大部分油层不见效。部分是由于返排不彻底,导致二次伤害,使压裂酸化效果下降;还有的是由于地层孔隙小,渗透率低,流体流动性差,挤入的流体侵入油层,造成乳堵、蜡堵及黏土膨胀堵塞等。虽然泡沫酸酸化施工费用要高于普通酸化,对设备要求较高,但由于泡沫酸酸化有含液量低、表观黏度高、滤失量小、可有效减缓酸岩反应速率并迅速返排等优点,使得其越来越受到油田工作者的重视。

4. 稠化酸酸化

稠化酸又称胶凝酸,是指通过加入稠化剂提高了黏度的酸。最初开发稠化酸的目的是压裂,但后来在基质酸化中也得到应用。稠化酸用于酸压是为了增加黏度和降低滤失速度由于其黏度高、滤失性低,以及稠化剂在岩石表面的吸附,降低了 H^+ 向岩面的扩散速率,起到缓速作用。稠化酸酸化能节省部分缓蚀剂,减轻地层伤害,因而自 20 世纪 70 年代研制并施工以来受到国内外重视。稠化剂应与相应的酸液添加剂及地层离子具有良好的配伍性。

(1)主体酸。盐酸常为稠化酸液中的酸成分,酸浓度一般为 5％～28％,酸用量取决于裂缝和孔洞中的预计伤害深度和流体充填效率。其他无机酸(如 HF)和有机酸(如 CH_3COOH 和 $HCOOH$)有时也用于稠化酸体系中。

(2)稠化剂。基于对压裂液的研究,人们在配制稠化酸时首先考虑到使用压裂液的各类稠化剂。由于酸介质的特殊性,选择酸液稠化剂应从三方面考虑:一是考虑酸液中的稳定性,即在一定的温度和地层离子条件下,稠化酸黏度能维持的时间;二是考虑增黏效率,要达到需要的黏度所用稠化剂的量;三是考虑残酸返排,残酸黏度过高不易返排,还可能给地层带来伤害;残酸中是否有残渣或沉淀产生。

1)多糖类聚合物。瓜尔胶、羟丙基瓜尔胶等天然聚合物都能用作稠化剂。其特点是增黏效果好，但使用温度较低，一般在 40℃ 以下，或用于稠化有机酸、潜在酸等。黄胞胶具有良好的酸稳定性和增黏效果，不产生残渣，可以在 65℃ 左右使用。在高温下，黄胞胶发生分解，稠化酸体系黏度很快下降。如果复配适当热稳定剂（如低分子醇），使用温度能得以提高。

2)合成的高聚物。

第一，聚丙烯酰胺。聚丙烯酰胺对浓酸有较好的稠化能力，它在 66℃ 以上有分解现象，会产生沉淀。为了提高其使用温度，可通过丙烯酰胺和含有阳离子的烯烃单体共聚，产物用作稠化剂。这类共聚物还可通过高价金属离子或醛类进行交联，以增加酸体系的黏度和耐温性能。丙烯酰胺和阳离子单体的共聚物有较高的相对分子质量，在酸中大分子链伸展，增黏性和亲水性能好；其主链为 C—C 键比天然聚合物如瓜尔胶、田菁胶、纤维素衍生物主链的键更能耐酸、耐温、耐高压。用于稠化酸的阳离子单体可以在厂家购买，也可自行设计合成。例如，不饱和酸酯通过酯交换反应可接上叔胺基团，然后季铵化则可得到不饱和酯季铵盐。

第二，聚乙烯吡咯烷酮。聚乙烯吡咯烷酮的酸稳定性好，可以和盐酸、硫酸、氢氟酸配伍。因此，不仅适用于碳酸盐岩，也适用于部分砂岩（如泥质砂岩）。由于聚乙烯吡咯烷酮链节能在酸中转变为阳离子链节，从而有效地压缩黏土表面的 ξ 电位，抑制了黏土的膨胀和运移，故该酸液体系可用于高黏土砂岩酸化。2-丙烯酰胺-2-甲基丙磺酸单体简称 AMPS，是一种强阴离子性和水溶性官能团的单体，这种单体具有良好活性，其均聚物、共聚物的应用遍及油田化学各个领域。

第三，非离子表面活性剂。非离子表面活性剂作稠化剂，其酸液在低温下黏度小，可泵性好，在地层高温下，由于水分子同表面活性剂之间的氢键减弱，活性剂溶解度下降，酸液黏度增大，降低了酸岩反应速率。以非离子表面活性剂作稠化剂，返排效果好，对地层伤害极小。

3)交联聚合物。用交联聚合物作为稠化剂可以得到高黏度的稠化酸，这类酸也称为交联酸。该类体系包括水溶性聚合物、交联剂、酸、水、必要的添加剂和破胶剂。交联剂可从压裂液交联剂中选择，但必须考虑强酸、高温、高压和地层离子的影响。破胶剂要根据施工时间延迟破胶，如在破胶剂外面包裹一层聚合物，该聚合物在高温下缓慢溶解，释放出破胶剂。破胶剂要根据交联聚合物种类来确定，例如，对于交联聚丙烯酰胺类，可用过氧化物或氧化还原体系作为破胶剂。而天然聚合物（瓜尔胶和纤维素衍生物）可用酶或过氧化物等作为破胶剂。

经交联后的稠化酸耐热性、耐剪切性好，可用于高温井（93℃以上）施工。交联酸中聚合物浓度低、黏度高、悬浮能力强、滤失量低，能减少地层伤害，能抑制地层中油水乳状液的形成，并减小酸液对设备和管道的腐蚀。

（3）稠化酸的性能评价。稠化酸在国内是近些年发展起来的缓速酸，通常根据水基压裂液和酸化液的评价方法以及国外资料介绍的方法进行性能评价，如流变性、缓速性能、腐蚀、酸敏及酸化效果等。对于稠化剂评价，可参考下述方法进行：

1）稠化效率。用范氏黏度计测定，在一定温度下（例如38℃），一定浓度的酸（例如，质量分数为15%的盐酸应加热至测定温度）获得 25mPa·S 的黏度时所需固化剂的量。量越小，稠化效率越高。

2）热稳定性。把稠化剂与预热至一定温度的酸混合，1min 后用范氏黏度计测定其初始黏度，恒温 1h 后再测黏度；改变温度，重复上述实验。观察温度对酸液黏度的影响。

3）残酸黏度。将稠化酸（黏度为 25mPa·S）恒温 1h，加入一定表面积的大理石薄片与其反应。用范氏黏度计测残酸黏度，观察有无沉淀产生，如残酸黏度高，不利于返排。还需要测定残酸的流变性，根据范氏黏度计测定的数据，计算出溶液流性指数和稠度系数。

（4）降滤失酸。降滤失酸（LCA）是在胶凝酸的基础上发展起来的一种新型的酸液体系。其特点是利用酸化反应过程中工作液 pH 值的变化对交联剂的影响而造成黏度变化，对裂缝进行连续性封堵而使常规的胶凝酸发展为兼具缓速和降滤失双重功能的降滤失酸。

可以看出，降滤失酸与胶凝酸的作用原理基本相同，区别在于新酸向残酸转变过程中，当 pH 值变为 2～4 时，由于滤失控制剂中的高价金属离子将酸液交联，致使酸化液黏度剧增，此过程存在的时间仅几分钟，而工作液的黏度则升至数毫帕秒。当工作液 pH 值升至 4 以后，酸液中高价金属离子被还原，被交联的酸液自动破胶，黏度恢复正常。因此，短时间处于高黏状态的降滤失酸起了前置液的作用。同时在作业中酸液滤失之处都会存在高黏状态，故高黏状态是酸岩反应过程中的一个环节，封堵是连续性的。因此，降滤失酸在施工用液量及封堵效果上的优势比以往酸液体系明显。

5. 乳化酸酸化

乳化酸是油和酸的乳化分散体系。通常使用的乳化酸是油外相乳状液。油相可用原油或石油馏分，如柴油、煤油、汽油等，也可将原油同其他轻烃油混合使用。酸液主要是盐酸、氢氟酸,其他混合酸也能用于乳化酸酸化。高摩阻是阻碍乳化酸现场应用的一个重要问题。对此,可用有机烃类代替高黏度的原油或在油酸乳化液中充入气体,形成三相乳化酸;发展低摩阻的微乳化酸。

(1)乳化酸酸化机理。乳化酸酸化具有选择性的主要理论依据是渠道流态理论,即在一定条件下,含水油井的地下油、水渗流状态应当是油、水分别沿各自通道流向井筒,而不可能是油、水在同一条通道呈多级段塞推进。油、水通道内岩石表面润湿性不同,长期油流孔道的岩石表面吸附了原油中的天然活性组分,表现明显的亲油性。而长期通水孔道则发生羟基化,表现明显的亲水性,致使油相、水相沿各自的连通渠道流动。酸液对含水油井酸化会导致产液含水率上升而增油不明显。另外,常规酸化酸岩反应剧烈,消耗快,有效作用距离短,也影响酸化效果。用乳化酸酸化,则酸液优先润湿亲油孔道,只有少部分进入岩石表面亲水的出水孔道,发生选择性酸化。

同时乳化酸还是有效的缓速酸。由于乳化酸为油外相,进入地层后乳化液在岩石表面形成油膜,酸液不会直接与岩壁接触,要穿过相界面才能进行酸岩反应。当经过一定时间或由于地层温度较高,或油膜受机械力而被挤破时,酸才能与岩石壁面反应。乳化酸也可能因乳化剂在岩壁上的吸附而破乳,但由于这一吸附薄膜亦能延缓酸反应速率,增加酸穿透距离,从而实现深度酸化的目的。

(2)乳化酸性能。乳化酸黏度高、滤失小,特别适用于压裂酸化,能形成宽、长的裂缝。乳化酸的外相是油,具有缓蚀作用。而且油能溶解地层中高黏原油、沥青、石蜡,消除对地层的伤害。乳化酸摩阻大,不宜用于排液困难、低压低渗透油气层。与乳化酸相比,微乳酸稳定性高,分散相(酸)直径小,流动阻力小,返排容易,目前受到普遍重视。乳化酸的缓速性能同常规酸和稠化酸相比,作用时间更长,有利于深度酸化。

(3)主体酸。与稠化酸一样,乳化酸常用盐酸制备,也可使用土酸、磷酸或其他混合酸。乳化酸的酸用量根据施工条件有所不同,常用的乳化酸的酸油比为70比30的油包水体系。

(4)常用的乳化剂。配制油外相乳化酸需选用油包水型乳化剂。通常选用烷基伯胺、十二烷基苯磺酸及其低分子胺的盐、酯类。

适当的阴离子表面活性剂或非离子表面活性剂可作为以多磷酸混合物为内相的非水乳化酸的乳化剂。混合物中含有一定的氢氟酸,可对砂岩进行缓速酸化。

为了使乳化酸残酸便于返排,必要时,在酸液中加入一定量的破乳剂。但采用的破乳剂须在经过适当的施工时间后才能发挥其作用,这样的乳化酸称为自破乳乳化酸。

(5)配制乳化酸要求。乳化酸酸液体系由主体酸、乳化剂和各种添加剂组成。所配制的乳化酸酸液体系应满足以下要求:

1)具有较好的稳定性,在油层条件下能保持一定的稳定时间,不发生组分分离,耐油、耐盐、耐温、耐压能力好,破乳时间按施工时间计算最好控制在 3h 左右。

2)所配制的酸液黏度不能太高,以免增加施工难度。

3)该酸液体系应具有缓蚀性,以减少对地面到井筒管线的腐蚀。

4)注入地层后,应与地层及地层流体相配伍,不发生酸敏反应及其他的不良反应。

5)具有较好的携污物能力,能将反应后的残渣悬浮携带至地面。

6)对施工环境和操作人员的危害小。

7)原料来源广,价格便宜。

6. 化学缓速酸酸化

化学缓速酸是指加有表面活性剂的酸。酸中的表面活性剂在岩石表面吸附后形成保护薄膜,而且表面活性剂使岩石表面油润湿,黏附的油膜延缓了酸岩反应速率。目前,这类缓速酸能延长酸岩反应时间 5~10 倍,使用温度达到 150℃。

选择表面活性剂要根据岩石表面性质而定。凡带有负电荷的岩石表面用阳离子表面活性剂或非离子表面活性剂。多数阳离子表面活性剂都有吸附砂粒及黏土的通性,而碳酸盐岩地层常用阴离子表面活性剂。非离子表面活性剂可在两种岩石中使用。

常用的阳离子表面活性剂为胺和季铵盐,阴离子表面活性剂为烷基磺酸盐和烷基苯磺酸盐,非离子表面活性剂为聚氧乙烯聚氧丙烯醚。对于碳酸盐岩,阴离子表面活性剂和非离子表面活性剂混合使用效果良好。

7. 胶束酸酸化

胶束酸是利用胶体化学中表面活性剂的胶团化原理,在一定浓度下形成胶团分散体系,将酸化液分子包裹在胶团中而达到缓速的目的。由于所处胶团状态的表面活性剂分子溶液的表(界)面张力、电导率、密度和洗涤与增溶能力等物理性质发生剧变,故与常规酸相比,胶束酸具有良好的悬浮携带、防乳破乳和降低毛细竹阻力等特性,适合油气井酸化作业。

（三）低渗透油田油井暂堵酸化工艺

1. 暂堵酸化原理

在酸化过程中，酸液进入地层，其流量应遵循达西定律。当酸液流过产层小段时，要让酸液进入每一小层段，就必须满足各小层段上单位面积注入酸液速度相同的条件。在酸化过程中，酸液流量增大，造成本不须酸化的高渗透层酸液吸入量反而增多。一方面可能会形成酸液的指进，造成浪费，达不到酸化的目的；另一方面造成高渗透层过度酸化，起到相反作用。

暂堵酸化的主要原理是，将不同粒径的固体颗粒采用携带液配制成稳定的悬浊液，作为前置暂堵剂，在酸化施工前将其泵入地层中。根据流动阻力最小原理，前置暂堵剂将优先进入流动阻力较小的高渗透层或裂缝，随着暂堵剂的不断打入，由于暂堵剂粒径分布不同，在大孔道及裂缝中形成屏蔽桥堵，最终形成厚度不一的封堵层。对于低渗透油田而言，投产前基本都采取压裂开发措施，压裂造缝受地层中天然微裂缝的影响，裂缝形态包括水平裂缝、斜交裂缝及垂直裂缝。缝中孔隙由 $0.2 \sim 0.9$mm 粒径的石英砂填塞，其渗透率值远远大于地层渗透率值，在酸化过程中酸液很容易沿裂缝快速流动，而无法使酸液沿裂缝壁进入裂缝周围的低渗透地层。而注入暂堵剂后，暂堵剂在裂缝中形成桥堵，降低其渗透率值，使酸液沿裂缝壁进入低渗透地层。

对于垂直裂缝，还有可能出现裂缝内均质性存在差异问题，在填入支撑剂石英砂的过程中，由于石英砂粒径不同，受重力影响不同，在悬砂液悬浮性能不够好的情况下，大颗粒石英砂可能会首先向裂缝下部沉降，这种情况也会造成在填砂后人造裂缝内下部孔隙度、渗透率值偏大，而上部渗透率值较低现象，即造成裂缝内酸液形成指进，而注入暂堵剂可以解决这一问题，使渗透率值趋于等同均一，达到均匀酸化的目的。而对于低渗透地层而言，由于暂堵剂粒径尺寸大于孔喉半径，暂堵剂无法进入，不会对其进行封堵。

因此，使地层的渗透率值趋于均匀统一，使后注酸液不再大流量进入不需酸化处理的高渗透油层，使低渗透油层得到有效酸化。在酸化结束后，由于暂堵剂具有油溶特性，在出油大孔道中，由于原油的浸泡作用可自行解堵，而不会伤害出油孔道。而对于出水孔道，由于其具有不溶于水特性，颗粒进入出水孔道内不会被溶解，因而对出水孔道或出水地层可起到不同程度的封堵作用，从而降低油井出水率。

2. 暂堵剂的性能要求

许多化学剂都可被用作暂堵剂，由于受油井条件和储层条件等多方面

限制,目前可使用的暂堵剂种类较少。通常,一种有效暂堵剂必须满足如下物理和化学要求:

(1)物理要求。

1)滤饼,为了使分流转向功效最大,暂堵剂在井壁附近应尽可能生成渗透率小于等于最致密层或伤害严重层的滤饼。这样可使酸液进入低渗透层进行酸化,同时阻止高渗透层过多进酸。

2)侵入,为了获得最大的分流转向效益和最小的清洗问题,必须防止暂堵剂颗粒侵入油气藏深部。

3)分散,暂堵剂颗粒必须完全分散在携带液中,避免发生凝聚现象。

此外,暂堵剂的颗粒大小必须与处理层的岩石物理性质,如渗透率和孔隙度大小相适应,若用了过细的暂堵剂,则固体颗粒会与处理液一起通过孔隙介质运移,将不可能出现分流转向。

结合上述要求,必须对暂堵剂粒度分布进行选择,寻求最佳粒度分布,使其满足上述要求。

(2)化学要求。

1)配伍性。暂堵剂必须与处理液(酸液)及其添加剂,诸如缓蚀剂、表面活性剂及防膨剂、铁离子稳定剂等是配伍的;在油井处理温度条件下,其必不与携带液发生化学反应(保持化学惰性)。

2)清洗。暂堵剂必须在产出液(生产井)中是完全可溶的,亦即当酸化起到分流转向作用后,在生产过程中,它们必须能被快速而完全地清洗掉,恢复井处于无暂堵状况。

遵循上述原则开展试验研究,结合室内实验结果,优选效果好的油水井暂堵剂。

3.暂堵剂的选择

进行化学微粒暂堵酸化,其关键是选择适宜的暂堵剂,要求暂堵剂能在携带液中保持惰性,能够有效地实现对高渗透层的封堵,且在酸化施工结束后在地层流体中能够彻底地清除,不对地层造成附加的伤害。

目前,国内暂堵剂品种很少,经筛选后,可以选用不同类型的石油树脂(PR)、烃类树脂(PA)作为主要原料。其中,石油树脂呈黄色,易于粉碎加工,软化点为 $85℃\sim90℃$;烃类树脂呈褐色,软化点为 $130℃\sim150℃$,刚性较大。将两者按一定比例混合,可以提高抗温性。

酸化施工结束后,暂堵剂必须能用合适的介质冲洗溶解掉,或能在返排时接触地层原油或含水原油而逐渐被溶解。

(四)低渗透油田暂堵酸化技术应用

1. 选井原则和要求

当一口井的产能低于最佳产能时,如果根据经验判断出该井产能是由于地层受到伤害而引起的,那么可以利用测井资料、试井资料和矿场资料综合分析油层是否受到伤害以伤害的严重程度。判断油井受到及伤害程度的方法很多,在选井选层时,应结合油井的具体情况和现有资料,选用其中的某一种或某几种方法,对油层伤害情况做出判断,根据伤害评价结果,选取受伤害井作为基质酸化处理对象。

另外,在选井选层时,应结合地质资料、试井资料及生产情况等进行综合分析,选择储量充足,具有一定地层渗透能力和油、气、水边界清楚,固井质量好的井进行酸化处理。

对于暂堵酸化的选井则更具有针对性,在进行暂堵酸化选井时应遵循以下原则:

(1)应选近井地带油层出现严重堵塞或受到伤害的油井。这些井在开采过程中,常表现出油井产液量下降较快或突然急剧下降的现象。

(2)应选择单层开采或有相隔较近的多小层且渗透率级差达到 3 以上的开采油井。

(3)应选择储层含油性能较好、地层能量较高、低渗透层有潜力挖掘的开采井。

(4)应选择距离水线较近,常规酸化后容易引起含水率快速上升的油井。

2. 施工方案设计

在酸化时,必须确保酸有效作用距离,尽量将近井地带的堵塞物清除;同时保证残酸形成的二次沉淀物不堵塞地层,采用酸化关井反应后返排残酸的工艺。另外,由于层间渗透率差异大,注入能力悬殊,推荐采用暂堵分流酸化技术,使各层均匀解堵,以改善产液剖面,提高低渗透层动用程度。

(1)施工工艺——分段注酸工艺。利用暂堵分流作用实现有效暂堵的暂堵剂量和暂堵剂加入浓度,施工时酸液和暂堵剂分段注入以达到均匀进酸的目的。

(2)施工准备。

1)准备 400 型水泥车一部、250 型压风机一台、$100 m^3$ 以上排污池一个,并且不漏失。

2)准备斜尖、$\phi 118 mm$ 通井规各一个,$\phi 73 mm$ 外加厚油管 1590 m,

ϕ8mm×2 偏嘴一个,CYb－250 型井口一套(要求阀门齐全完好),备够可在 9m 范围内任意调整钻具的油管短节。

3)按酸化作业施工规程,准备乳胶手套、护目镜、防毒面具等劳保防护用具。

4)准备 30m³ 大罐 3 具,一具盛装清水,两具盛装活性水,所有液罐必须清洗干净。

5)20m³ 酸池子一具(酸罐必须清洗干净,水性呈中性),高压水龙带三条,弯头、接头准备齐全,灵活好用。

(3)施工步骤。

1)起出原井内全部生产管柱,刺洗干净,仔细检查管柱,更换不合格油管;下 ϕ118mm×1.2m 通井规通井至人工井底。

2)起出通井钻具,下洗井管柱,用活性水洗井至人工井底,洗至进出口水质一致为合格。

3)按设计要求下酸化钻具,装 250 型井口,连接地面注入管线及设备,清水试压 25MPa 不刺不漏为合格。

4)试剂合格后,对酸化层位打入酸化施工设计的 1/3 酸液量,首先对表层进行酸化解堵。注完后,在小于地层破裂压力下打入已配好的暂堵剂。记录压力变化曲线,当压力升高过快接近地层破裂压力时可暂停注入暂堵剂。

5)暂堵剂注完后,注入活性水,将套管内的暂堵剂挤向地层深部。

6)按酸化施工要求,打入酸化施工设计的 2/3 酸液量,挤酸完毕关井反应 4h。

7)关井反应后泡沫洗井返排残酸,返出液体进排污坑。

8)起出酸化管柱,按设计下泵生产。

(4)施工要求。

1)所有液罐清洗干净,配制酸液及活性水,要求水质达到有关油层酸化标准。

2)认真进行酸液配制,准确计量各种材料的用量,精心配制,对配制的酸液,现场要做小样检查。

3)严格按设计施工。

4)取全、取准各项资料备用。

针对低渗透油藏采用暂堵酸化工艺技术可有效解除黏土伤害、机械杂质及钻井液造成的堵塞,提高油层的渗透率和吸水能力,增加吸水厚度;酸化施工注入压力不应高于地层破裂压力;酸化井的酸化半径与酸化效果的有效期有直接关系,酸化半径一般应在 2m 以上;使用暂堵剂 ZDJ-1 和 SZDJ-1 可有效调整地层的层间矛盾,使地层能够均匀布酸,从而达到提高低渗透油层的目的。

二、低渗透油田堵水调剖技术

油田开发中后期,通过注水补充地层能量是我国大部分油田所采用的主要措施。由于油藏储层存在非均质性,不同储层之间以及同一储层的不同平面上渗透率往往存在较大的差异。在注水开发过程中,注入水沿高渗透层突进,必然导致注采井间的高渗透层过早水淹,降低了注入水向低渗透层的波及程度,导致对应油井含水率上升,低渗透层的原油无法开采出来。因此,对于注水开发的油田,油井出水是开发过程中不可避免的问题。油井出水的危害还有很多,如消耗驱替能量,降低油层最终采收率,降低抽油井的生产效率,造成管线和设备的腐蚀与结垢,增加脱水站的负荷等。

此外,油井产水,如不及时采取措施,地层中可能会出现水圈闭的死油区,注入水绕道而过,致使某些含水率过高的井变为无工业价值的报废井,造成极大的资源浪费。因此,及时弄清产水层和产水方向,并采取堵水调剖技术措施是非常必要的。

低渗透油田油水井在投产初期或生产过程中一般都要经压裂、酸化、注水补充能量等油层改造措施。随着油田含水率的上升,加剧了储层的非均质性。在高渗透层位,长期的注水冲刷形成了注水大孔道,使层间矛盾更加突出;在低渗透层位,长期注水或频繁井下作业而造成的地层结垢、蜡堵或机械杂质堵塞,使生产能力日趋低下,导致低渗透油藏的生产局面更加复杂。在我国许多低渗透油田中,储层裂缝都具有发育性,构成裂缝性低渗透油藏。

(一)低渗透油田堵水调剖概述

调剖堵水是油田常用的封堵高渗透层的方法。从注水井封堵高渗透层时,可调整注水层段的吸水剖面,称为注水井调剖;从油井封堵高渗透层时,可减少油井产水,称为油井堵水。调剖堵水是油田生产中非常重要的技术,一般由决策技术、堵剂技术、施工工艺技术和实施效果评价技术四个部分组成。

1.油井出水的原因及分析

根据水的来源,可将油井出水分为同层水和异层水(外来水)。注入水、边水和底水属同层水,上层水、下层水及夹层水是从油层上部或下部的含水层及夹于油层之间的含水层中窜入油气井的水,来源于油层之外,故称为外来水。

油井出水可分为自然因素和人为因素两类。自然因素包括地质非均质及油水流度比不同。由于油层的非均质性和油水流度比不同,随着油水界面的前进,注入水及边水可能沿高渗透层不均匀前进,纵向上可能单层突进,横向上可能形成指进;油层出现底水时,原油的产出可能破坏油水平衡关系,使油水界面在井底附近呈锥形升高,形成底水锥进。人为因素包括固井质量不合格、套管损坏引起流体窜槽或误射水层及注采失调,这些是异层水引起油井出水的主要原因。要控制油井出水,一方面是对注水井进行调剖,另一方面是封堵油井出水层,即有效地选择堵水剂来封堵油井出水层。

堵水作业失败大部分是由于不能认识和确定出水原因所致。出水原因直接决定对油藏类型的认识,直接影响油田的开发效果,直接决定应该采用何种措施。油井出水原因的分析方法主要有以下六种:

(1)通过分析水的氯离子含量和总矿化度可以判断出水层,区分地层水和地面水。该方法只适合于油层与水层的矿化度相差很大的油井;对于各层地层水的矿化度差别不大的油井,无法判断油井的出水原因。

(2)通过测井参数,包括温度、密度、流量、压力、持水率及噪声等参数的测试来分析。这种方法能测出出水剖面,能判断桥塞是否密封,管外是否窜槽;缺点是测试费用高。

(3)进行压力恢复试井,看是否有多层反应。这种方法只适合油层和水层原压力和渗透性有明显差异的油井。

(4)根据测井曲线、固井质量曲线和试油情况测出水层位。

(5)根据油井生产能力变化(采油指数、采水指数变化)判断。

(6)下测试管柱,用封隔器将各层分开,坐封后开井求产,找出出水层的位置。这种方法的优点是工艺简单,能够准确地确定出水层位;缺点是施工周期长,无法确定夹层薄的油水层的位置。

上述方法各有利弊,因此需要结合区块特征及生产情况来选择合适的方法。

2. 堵水调剖的意义

油井产水对经济效益影响很大,找水、堵水是油田开发中必须及时解决的问题,也是油田化学研究的重要课题。国内外油田多年的实践表明,从油藏整体上看,堵水调剖的效果主要表现为以下五个方面:

（1）降低油井的含水率，提高产油量。封堵或卡堵高含水层，减少了油井的层间干扰，发挥了原来不能正常工作的低渗透层的作用，改变了水驱油的流线方向，提高了注入水的波及体积因此，堵水可有效地提高日产油水平。化学堵剂的作用较大幅度地降低了堵水半径内的井底水相渗透率，降低了产水量和油井含水率。

（2）增加产油层段厚度，减少高含水层厚度，改善油井的产液剖面。

（3）提高注入水的利用率，改善注水驱替效果。

（4）改善注水井的吸水剖面。注水井调剖后改善了注水井的吸水剖面，纵向上控制了高渗透层过高的吸水能力，使低渗透层的吸水能力相应提高，某些不吸水层开始吸水，从而增加了注入水的波及体积，扩大了油井的见效层位和方向，改善了井组的注入开发效果。

（5）从整体上改善注入开发效果。油田区块的整体处理效果表现为整个区块的开发效果得到改善，区块含水上升速度减缓，产量递减速度下降，区块水驱特征曲线斜率变缓。

3. 堵水调剖技术的发展历程

油田开发过程中采用的调堵工艺可分为机械法和化学法两大类。化学法堵水是将化学堵水剂挤入地层，通过化学作用封堵出水层的液流通道。机械法堵水是用分隔器将出水层位在井筒内卡开，以阻止水流入井内。堵水调剖技术要在油田应用中获得成功并产生效益，除有好的堵剂外，还必须深入研究油藏及处理工艺，三者相互配合，不可偏废。

我国自 20 世纪 50 年代开始进行堵水技术的探索与研究，20 世纪 70 年代以来，大庆油田在机械堵水、胜利油田在化学堵水方面发展较快，其他油田也有相应的发展。20 世纪 80 年代初提出了注水井调整吸水剖面来改善一个井组或一个区块整体的注水波及效率的目标。相应地，研制成功八大类近百种堵水、调剖化学剂。研制了直井、斜井和机械采油井多种机械堵水调剖管柱，配套和完善了数值模拟技术，堵水调剖目标筛选技术等 7 套技术，为我国高含水油田挖潜、提高注水开发油田的开采效率做出了重要贡献。

同时，我国还开展了相关的机理研究，对微观、核磁共振成像物理模拟的试验进行研究，使堵水、调剖机理的认识深入一步，为进一步发展打下了技术基础。20 世纪 90 年代初期，堵水技术跳出了单井处理的范围，大规模地开展了从油藏整体出发，以油田、区块为单元的整体堵水调剖处理，相应地形成了与之配套的技术。20 世纪 90 年代中后期，随着油田含水率不断升高,提出了在油藏深部调整吸水剖面、迫使液流转向、提高波及效益、改善注水开发采收率的要求,从而形成了深部调剖研究的新热点,相应地研制了可动性凝胶、弱凝胶、颗粒凝胶胶囊、凝胶等新型化学剂,目前在国外堵水调剖开展也较为广泛。

堵水调剖在目前的开发阶段需要大力发展与推广,需要做的工作是方式、方法的转变以及工艺技术对矿场适应程度的提高。目前堵水调剖技术的发展趋势就是将调剖堵水与驱油结合起来,进一步提升方法技术,使工艺与当前开发阶段和油藏特点具有更好的适应性,

(二)低渗透油藏堵水调剖工艺

堵水调剖工艺的发展大致经历了五个阶段:一是探索研究阶段;二是以油井堵水和机械堵水为主的发展阶段;三是以注水井调剖为主的发展阶段;四是以油田区块为单元的整体堵水调剖技术的发展阶段;五是油藏深部调剖(驱)技术的发展阶段。

1.机械堵水

机械法堵水是使用封隔器及与其配套的控制工具来封堵高含水产水层,以解决油井各油层间的干扰或调整注入水的平面驱油方向,以达到提高注入水驱油效率、增加产油量、减少出水量的目的。我国已在自喷采油和机械采油等生产井上形成了一套机械堵水技术,成为注水开发油田提高开发效果的一项重要技术。

一种机械堵水新工艺是建立在可就地聚合的树脂基础上,其原理是:利用可膨胀坐封元件(ISE)将组合套筒送入井中。组合套筒由热固树脂和碳纤维制成,因而在送入件眼时会很柔软并可变形。当该工具与要处理的作业层相对时,可膨胀坐封元件就会膨胀,把组合套筒推至紧贴套管内壁的预定位置,加热使树脂发生聚合反应,然后可膨胀坐封元件收缩并拔离组合套筒,而在套管里留下一个硬的耐压衬里。该法在油田中起到了较好的堵水作用,可作为一种经济、有效地降低非期望采水量的措施。

2.油井化学堵水

油井化学堵水是利用化学堵水剂的化学作用对出水层造成堵塞。将化学剂经油井注入高渗透出水层段,降低近井地带的水相渗透率、减少油井出水、增加原油产量的一整套技术称为油片化学堵水技术。根据堵水剂对油层和水层的堵塞作用,化学堵水可分为非选择性堵水和选择性堵水。非选择性堵水是指堵剂在油井层中能同时封堵油层和水层的化学剂;选择性堵

水是指堵剂只与水起作用,而不与油起作用,故只在水层造成堵塞而对油层影响甚微。

(1)选择性堵水。选择性堵水是指在堵水调剖中,运用工艺技术手段来达到堵剂有选择性地进入要求封堵的层段,使堵剂不进入或少进入不需要封堵的中低渗透地层。所用的堵水剂只与水起作用,故只在水层造成堵塞而对油层影响甚微,或者可以改变油、水、岩石之间的界面特性,减低水相渗透率,从而降低油井出水率。作为堵水剂中主剂的聚合物主要是一些水溶性聚合物,包括聚丙烯酰胺、生物聚合物、木质素、聚丙烯腈以及聚苯乙烯磺酸盐等。

油井选择性堵水剂适用于不宜用封隔器将油层与待封堵水层分开时的施工作业。目前所采用的选择性不尽相同,但它们都是利用油和水、出水层和出油层之间的差异进行堵水。这类堵剂并不是只堵水层不堵油层,实际上它对油、水都堵,只是使水相渗透率降低远大于对油相渗透率的影响。这类堵剂按分散介质的不同分为水基堵剂、油基堵剂和醇基堵剂,它们分别以水、油和醇作溶剂配制而成。

水解聚丙烯酰胺是一种常用的水基选择性堵水剂,其选择性堵水的原理是:①它的水溶液能优先进入含水饱和度高的地层;②在水层,其分子中的—$CONH_2$和—$COOH$可通过氢键吸附在地层表面而保留在水层;③水解聚丙烯酰胺未吸收部分由于链节带负电而向水中伸展,对水有较大的流动阻力,起到堵水作用。由此可见,水解聚丙烯酰胺这种堵水剂可按含水饱和度的大小进入地层,并按含水饱和度的大小调整地层对水的渗透性,特别是后一个特点是其他选择性堵水剂所没有的。

为了提高堵水效果并延长有效期,可以将水解聚丙烯酰胺交联使用。高价金属离子和醛类等都可以在一定条件下将水解聚丙烯酰胺交联起来。随着交联程度的增加,可使吸附在地层表面的水解聚丙烯酰胺更向外伸展,封堵更大的孔道。同时,还可以使吸附在地层表面的水解聚丙烯酰胺产生横向结合,形成体型结构,提高吸附层的强度,因而有更好的堵水效果,并延长堵水的有效期。

(2)非选择性堵水。非选择性堵水法适用于封堵单一水层和高含水层,因为所用的堵剂对水和油都没有选择性,它既可堵水,也可堵油。非选择性堵水常用的堵剂有沉淀型堵水剂、水基水泥、树脂型堵水剂和冻胶型堵水剂。沉淀型堵水剂由两种能反应生成沉淀的物质组成。

3.注水井调剖

注水井调剖是指从注水井调整注水地层的吸水剖面。注水地层的吸水剖面是不均匀的,通过注水井调剖可使其变得相对均匀。注水井调剖机理就是基于地层对调剖剂的选择性注入理论,当调剖剂注入地层后,其优先选择进入高渗透层,对高渗透层或者大孔道产生封堵效果,从而改善吸水剖面,同时提高了该层的注水启动压力,改变了水的流动方向,扩大了波及面积,提高了水驱采收效率,延长了油田的稳产期。

注水井调剖又分为单井调剖和区块整体调剖。由于区块整体处于一个压力系统,因此要使注水井调剖达到提高采收率的目的,就必须在区块整体上进行。考虑到区块内各个连通井之间的联系和影响,简单地对单井设计方案以提高整个区块的产量显然是不合理的。因此,必须立足于区块整体的角度,结合油藏地质条件和油田生产动态,对每口注水井进行决策判断,科学合理地完成选井、选层和选剂。

近年来,在区块整体调剖综合决策技术方面取得了较大进展,目前国内用于区块整体调剖的优化决策技术有中国石油勘探开发研究院的 RS 优化决策技术、中国石油大学(华东)的 PI 决策(与胜利油田合作研究)和 RE 决策技术,这些决策技术在全国油田得到了大面积推广和应用,这些决策技术的应用对提高整体调剖效果起到了十分重要的作用。

PI 决策技术在油田应用中取得良好效果。PI 值是由注水井井口测得的,与地层系数(渗透率与油层厚度的乘积)有关的压力平均值。PI 决策可解决六个方面的问题:判断区块调剖的必要性;决定区块上需调剖的注水井;选择适当的调剖剂;计算调剖剂用量;评价调剖井的调剖效果;判断调剖井下一次施工时间。PI 决策方法已在国内多个油田区块处理中得到应用,效果较好。

RE 决策是指利用油藏工程方法,从调剖井选择的四个依据(渗透率变异系数、吸水剖面、注水井注入动态和井口压降曲线)出发,利用模糊数学方法优选调剖井,利用注水井注入动态数据选择调剖剂种类,采用效果预测图版预测增油降水量。

RS 优化决策技术综合考虑水井吸水能力、油层非均质性和周围油井动态数据进行选井,采用井组模型进行效果预测和经济预测,具有选井、选层、选剂、参数优选、效果预测和经济评价等多项功能。

4.区块整体深部调剖(驱)

深部调驱技术是针对油田开发后期,注水井近井地带剩余油较少、由于绕流作用影响导致近井地带调剖增油效果变差的问题提出的。深部调驱一般是向注水井注入可以在地层大孔道或裂缝中流动的凝胶,希望通过流动凝胶的缓慢移动实现调剖剂在地层深部的不断重新分配,扩大调剖剂的作用范围,提高注入水的波及效率。但调驱绝对不是"驱",调驱是以堵为主的一种工艺措施,"驱"只是调剖剂运移过程中的一种附带作用。因而从本质上讲,称为"堵驱"或"深部液流转向技术"更为符合其机理。在调驱作业时"调剖"已不是目的,其目的主要是实现流体在油层深部的转向,近井地带的转向作用已不十分重要。

进入开发后期的油田剩余油主要分布在低渗透、特低渗透层或厚油层的低渗透层段。因此,进一步提高水驱波及效率是剩余油挖潜的关键。然而,油藏经过长期开发,油藏孔隙结构和物理参数都发生了很大的变化,由于对这些"新油藏"的认识不足,这就要求注入化学剂具有"智能性",而深部调驱技术就是希望通过流动的调驱剂缓慢移动实现在地层深部的不断重新分配,扩大作用范围,从而提高注入水的波及效率。

基于油藏工程的深部调剖改善水驱配套技术的提出,向深部调驱技术提出了更高的要求。由于处理目标是整个油藏,作业时间长,对调驱剂的流变性能、封堵性能、耐久性能以及施工工艺技术等方面都提出了更高的要求。目前使用的深部调驱体系主要包括凝胶类深部调驱体系、微生物深部调驱体系、含油污泥深部调剖体系、泡沫深部调剖体系及无机凝胶涂层深部调剖体系等。

为满足大剂量深部调剖的需要,大庆、大港、华北等许多油田设计组装了调堵配套装置,这些注入装置主要由配液系统、注入系统和监测系统等部分组成。配套装置的应用不但可大大降低劳动强度,而且有助于保障施工顺利进行。其完善的注入系统有利于减少因堵剂排量过大、施工压力过高造成的低渗透油层的伤害问题。监测技术的发展为判断施工进程、进一步深化认识地层与堵后评估技术提供了必要的依据,可以说,监测技术对于提高堵水调剖成功率具有十分重要的作用。

近年来,各油田通过综合应用这些技术,形成了深部调驱配套技术,这些配套技术的成功应用对油田降低含水率、保持稳产起到了十分重要的作用。

5.降压增注改善吸水剖面

低渗透油藏注水开发的显著特点是驱替压力高,油水井之间有效驱动压差小,油井受效差,低产低效井较多。利用降压增注技术可望降低低渗透油藏驱替压力,改善吸水剖面。常见的降压增注技术包括酸化降压增注技术、表面活性剂降压增注技术、水力振动解堵增注技术、活性纳米材料降压增注技术、循环脉冲法解堵增注技术和水质改造降压增注技术。

酸化降压增注技术原理是通过酸液对岩石胶结物或地层孔隙、裂缝内塞物等的溶解和溶蚀作用,恢复或提高地层孔隙和裂缝的渗透性。本技术适用于因储层结垢以及注入水中的悬浮固体颗粒堵塞造成的欠注井或深部污染、多次增注无效井。

活性水降压增注的机理比较复杂,主要包括以下四个方面:

(1)降低油水界面张力。活性水驱油时,表面活性剂吸附在油水界面上,降低油水界面张力,从而减小了贾敏效应,残余油滴容易被驱动并在油层中逐渐聚集并形成油墙。油水界面张力越低,油层孔隙中的残余油滴越容易被驱动,驱油效率越高。

(2)改变岩石的润湿性。驱油效率与岩石的润湿性密切相关。一般而言,亲水岩石的驱油效率相对较高。由于表面活性剂具有亲水基和亲油基两种基团,能够吸附于岩石表面上,降低液固界面能。因此,选择合适的表面活性剂,可以将岩石表面由亲油转变为亲水,降低原油在岩石表面的黏附力,同时发挥毛细管压力的驱油作用,提高驱油效率。

(3)乳化。所谓驱油过程,实际上是驱油剂和原油多相体系在油层孔隙中不断运移、分散、聚并的过程。这一过程中,由于油水界面上吸附有表面活性剂,很容易形成乳状液,而且乳化的原油在被驱动运移过程中不易重新黏附到油层孔隙表面,驱油效率较高。

(4)选择合适的表面活性剂,可以有效抑制黏土膨胀,抑制细菌生长,防止结垢,减小对地层的伤害。

水力振动解堵增注技术是通过井下振动工具将循环能量转化为机械振动,产生压力波在孔隙通道中传播,并自动调整振动频率直到与地层本身频率相同,发生共振,使孔隙壁上的盐、垢和蜡被剥落或疲劳破碎,打通被堵塞的喉道,增加孔隙之间的连通性,实现解堵和降压增注的目的,常用于固相颗粒堵塞的地层降压增注。水力振动解堵技术特别是井壁解堵方面具有较好的解堵效果。水力振动解堵作为增注措施可单独应用,也可同其他解堵技术一起使用,如先酸化后振动。

活性纳米材料降压增注技术主要借助 SiO_2 极强的憎水亲油能力。活性纳米材料通过携带介质进入地层,吸附在地层岩石表面,使岩石发生润湿翻转,由亲水性变为亲油性,则其油相渗透率呈下降趋势,水相渗透率则呈上升趋势。在中原文东油田的应用结果表明,活性纳米材料能有效提高注水井吸水能力,降低注水压力,且无二次堵塞。

循环脉冲法解堵增注技术是把工作液注入油层,使井内压力提高并迅速降低,在油层形成脉冲作用,使岩层的结构强度降低,形成微裂缝,使岩层内部孔隙空间扩大,并使孔隙通道的堵塞物质得以清除,从而使地层的渗透率提高。注入液体时分级提高压力,但不能大于地层破裂压力在每级压力上进行10~15次循环,每次循环都包括:液体的注入;使压力上升到该级压力值;保持压力几分钟,迅速排放井内液体,降低井内压力。为大大提高循环脉冲处理效果,可使用气液混合物作工作液。提高循环脉冲处理效果的另一种方法是使用气举管柱进行作业。每级压力进行次循环后反洗,可携带出处理地层带的堵塞颗粒。应用循环脉冲法处理近井底地层尽管需要花费较长的时间和大量的工作液,但效果很好。

水质改造降压增注技术是通过一系列的污水处理技术控制注入水的含油量、固相含量、粒径中直等,向注入水中添加添加剂,如缓蚀阻垢剂、杀菌剂等,降低注入水对储层的伤害;通过对注入水改性,达到降压增注的目的,如注磁性水。

(三)低渗透油藏常用堵剂的发展

堵水剂一般指用于生产井堵水的处理剂,而调剖剂则是指用于注水井调整吸水剖面的处理剂,总称为调堵剂或堵剂。分析我国堵水调剖技术的研究内容和应用规模可知,其整体发展大致经历了以下四个阶段:

(1)20世纪50—70年代,主要依赖油井的堵水,堵剂以水泥、活性稠油、水玻璃/氯化钙体系和树脂等为主。

(2)20世纪70—80年代,由于聚合物及其交联凝胶的出现与发展,堵剂的研制也迅速发展,主要是强凝胶型堵剂,其作用机理也多是物理屏障式堵塞,最终达到调整近井地层的吸水剖面和产液剖面的目的。

(3)20世纪90年代,国内绝大多数油田已进入高含水期,堵水调剖技术也因此进入鼎盛期,但由于处理的目的层不同,对应的堵剂体系也有百余种,深部调剖及相关技术也随之快速发展,多以区块的综合治理为主。

(4)21世纪后,针对油藏工程的深部调剖,国内学者提出了改善水驱的配套技术,即:将油藏工程技术和分析方法应用于改变水驱的深部液流转向技术,进而发展了系列深部调驱体系。

（四）低渗透油藏常用堵剂的类型

整体而言,随着堵水调剖技术的发展,根据不同的地质工艺条件,发展了不同的调剖堵水化学剂。对于低渗透油藏常用的堵剂主要有以下七类:

(1)无机盐类堵水调剖剂。

(2)聚合物凝胶类堵水调剖化学剂。

(3)颗粒类堵水调剖化学剂。

(4)泡沫类堵水调剖剂。

(5)改变岩石润湿性的堵水剂。

(6)树脂类堵水剂。

(7)微生物类堵水调剖化学剂。

1. 无机盐类堵水调剖剂

无机凝胶是一种常用的无机盐堵水剂,主要有硅酸凝胶和氢氧化物(如氢氧化铝、氢氧化铁)凝胶等。无机凝胶类堵水剂的分散介质是水,一般用于封堵高渗透层,使注水转向含油饱和层。它的特性包括:①注入的凝胶大大降低了水相渗透率,但对油相渗透率影响较小;②在注入过程中,凝胶选择性地进入高含水层,可封堵高渗透层;③凝胶具有较好的稳定性;④可用简单便宜的方法除去凝胶等。

硅酸凝胶是常用的凝胶之一。硅酸凝胶指的是一定质量分数的硅酸钠溶液中加入活化剂(常用的硫酸铵、盐酸、甲醛等)后先形成单硅酸,再缩合成多硅酸,多硅酸形成空间网状结构呈现凝胶状。Na_2SiO_3 溶液遇酸后,先形成单硅酸,后缩合成多硅酸。它是由长链结构形成的一种空间网状结构,在其网状结构的孔隙中充满了液体,主要靠这种凝胶物封堵油层出水部位或出水层。

硅酸凝胶的优点在于价廉且能处理井径周围 1.5～3.0m 的地层,能进入地层小孔隙,在高温下稳定。其缺点是 Na_2SiO_3 完全反应后微溶于流动的水中,强度较低,需要加固体增强或用水泥封口。此外,Na_2SiO_3 和很多普通离子反应,处理层必须验证清楚,并在其上下隔开。

硅酸凝胶受温度、浓度、pH 值、水玻璃模数、金属离子等因素影响。不管是碱性硅酸凝胶还是酸性硅酸凝胶,都随温度的升高,胶凝时间缩短。由于凝胶结构完成速度随温度升高而加快,因此,温度升高,胶凝强度增大。水玻璃质量浓度增加,胶凝时间缩短(质量作用定律),胶凝强度变化不大。pH 值对硅酸凝胶的影响比较复杂,酸性硅酸凝胶随着 pH 值的增大,胶凝时间缩短,胶凝强度增加;碱性硅酸凝胶随着 pH 值的增大,胶凝时间增加,胶凝强度降低。水玻璃模数可以看作水玻璃中硅酸根离子预缩聚的程度,模数越大,预缩聚的程度越高,相同条件下胶凝时间越短,胶凝强度越大。无机盐对硅酸凝胶的影响也很复杂,其对碱性硅酸凝胶和酸性硅酸凝胶的影响又有不同。

水溶性硅酸盐是一种强碱弱酸性盐,决定其性质的主要参数是模数,模数大于 2 的水玻璃由于二氧化硅的含量较高,水解后具有碱性特征,能在一定活化剂作用下缩聚。线型硅酸缩聚到一定程度,由于硅酸分子间相互作用和缠绕,形成网状结构,使硅酸溶胶胶凝。

硅酸凝胶的主要缺点是胶凝时间短,而且地层温度越高,胶凝时间越短。为了延长胶凝时间,可用潜在酸活化或在 50℃~80℃ 地层中用热敏活化剂(如乳糖活化)或将活化的硅酸用醇酯化等。例如,延迟硅酸胶凝体系由水玻璃主剂加入乙酸乙酯、乙酰胺和乙醇中的至少一种作为延迟活化剂在清水中配制而成,在地面温度稳定,进入地层多孔介质一段时间后形成凝胶。该类型堵剂的主要特点是延迟形成凝胶的时间。其使用温度小于110℃,堵水效率大于 90.0%,突破压力为 1.0~1.5MPa/m。在高渗透层和漏失带封堵中,在水玻璃堵剂中加入交联剂和聚合物,采用单液法注入,堵剂强度提高,胶凝时间延缓。

由于水溶性硅酸盐堵剂体系价格低廉、耐温、耐盐、注入性好,具有选择性封堵、环境友好、不易生物降解、可应用于条件苛刻的油藏等特点,因此水溶性硅酸盐堵剂体系是一种很有前途的调剖堵水剂。

2. 聚合物凝胶类堵水调剖化学剂

水溶性聚合物凝胶是我国 20 世纪 70 年代以来研究最多、应用最广泛的一种调剖堵水剂,它在调剖堵水中的作用机理是在地层多孔介质中产生物理堵塞作用和吸附作用。水溶性聚合物凝胶使用浓度低、工艺简单、易于控制,在油井堵水和注水井封堵大孔道作业中广泛应用。

在使用聚合物凝胶堵水之前,人们也尝试用聚合物直接堵水,最常用的聚合物是部分水解聚丙烯酰胺(HPAM),HPAM 分子链上有酰胺基—$CONH_2$ 和羧基—COOH,对油和水具有明显的选择性,它降低油相渗透率最高不超过 10%,而降低水相渗透率可超过 90%。在油井中,HPAM 堵水剂的选择性表现在四个方面:①由于出水层的含水饱和度较高,因此 HPAM 优先进入出水层;②在出水层中,HPAM 中的酰胺基—$CONH_2$ 和羧基—COOH 可通过氢键优先吸附在因出水冲刷而暴露出来的岩石表面;

③HPAM分子中未被吸附部分可在水中伸展,降低地层对水的渗透率,HPAM随水流动时为地层结构的喉部所捕集,堵塞出水层;④由于砂岩表面为油所覆盖,进入油层的HPAM不会发生吸附,因此对油层影响甚小。

一般认为,HPAM的堵水机理为黏度、黏弹效应和残余阻力。HPAM溶液的黏度在流速增加及孔隙度变化的情况下都下降,利于HPAM溶液进入地层。当HPAM溶液达到相当高的流速时,就会表现出黏弹效应。残余阻力是堵水作用中最主要的作用,包括吸附、捕集和物理堵塞。

吸附作用:HPAM以亲水膜的形式吸附在地层岩石表面上,当遇到水时,便因吸水而膨胀,从而降低饱和地带的水相渗透率;当遇到油时,HPAM分子不亲油,分子不能在油中伸展,因此对油的流动阻力影响小。

捕集作用:HPAM分子很大,相对分子质量为几百万至几千万。分子链具有柔顺性,松弛时一般蜷曲呈螺旋状,而在泵送通过孔隙介质时受剪切和拉伸作用而发生形变,沿流动方向取向,能够容易地注入地层,且外力消除后,分子又松弛呈螺旋状。当油气井投产时,蜷曲的聚合物分子便桥堵孔隙喉道阻止水流。但油气能使大分子线团体积收缩,故能减少出水量而油气产量不受影响。这种堵塞可以恢复,只要流速超过临界值,这种捕集作用便消失了。

物理堵塞:HPAM分子链上的活性基团能与地层水中的多价金属离子反应生成凝胶,由此可限制流体通过多孔介质。

当聚合物最初用于堵水时,聚合物分子的吸附与机械滞留导致水相渗透率降低,储层中注入阴离子HPAM,在低渗透层堵水效果好,而高渗透层堵水效果较差。这是因为聚合物分子在砂岩上是单层吸附,且吸附作用小,容易被驱替,特别是在高渗透或裂缝性地层中,水流经过的孔道直径比高分子尺寸大,使其堵水效果降低,因而发展了交联聚丙烯酰胺凝胶体系。它是利用交联反应生成大量网状结构的黏弹性物质占据小孔隙,从而导致水相渗透率降低。交联后的HPAM抗剪切安定性和稳定性都有所改善。虽然这种方法能够提高堵水能力,但也易使堵剂失去选择性。

由于部分水解聚丙烯酰胺HPAM分子链中同时含有酰胺基和水解生成的羧基,它们可以分别与不同类型的交联剂发生化学交联反应。根据聚丙烯酰胺分子中参与反应的官能团的性质,可以将交联剂分为两类:一类是能与HPAM中的羧基作用的金属络合物交联剂,主要有Cr、Al、Ti和Zr等盐类;另一类是能与HPAM中的酰胺基反应的有机交联剂,主要由酚/甲醛及其衍生物配制而成。常用的醛类化合物有甲醛、乙二醛、六次甲基四胺、呋喃醇等；常用的酚类化合物有苯酚、二甲酚、二元酚、三元酚等。其中使用最多的是苯酸/甲醛交联剂。这类含芳基的交联剂与聚丙烯酰胺交联生成的凝胶具有很好的热稳定性，在聚丙烯酰胺链中引入的苯环能限制酰胺基的高温水解，因而常被用于高温高盐地层的石油开采。

随着堵水调剖技术的发展，又提出了延缓交联技术，通过控制聚合物凝胶体系的 pH 值、温度或化学交联剂的化学特性，使交联反应在地下所指定的部位完成。这样延缓交联技术不仅利于施工，而且可以将堵剂送到地层深处，大大提高了堵剂的作用效果。

随着深部调驱技术的发展，聚合物凝胶又发展了两条新的路线：一是采用略高于常规聚合物驱的聚合物浓度，一般采用 1000～3000mg/L，即弱凝胶体系；二是聚合物浓度向低发展（低于聚合物驱的使用浓度），聚合物浓度为 200～600mg/L，如胶态分散凝胶体系。

弱凝胶将传统的堵水调剖与聚合物驱的特点融为一体，既可以在油藏深部调整和改善地层的非均质性，达到油藏流体深部改向、扩大波及体积的目的，同时弱凝胶又可以作为驱替相改善水驱油的不利流度比，提高注入水扫油效率，最终达到提高水驱采收率的目的。弱凝胶体系是目前国内外应用最广泛的改善水驱深部调驱技术，但影响其性能的因素很多，一般不适于矿化度在 100000mg/L 以上、温度在 90℃ 以上的低渗透层的深部调驱作业。应用时应注意考虑交联聚合物体系与地层流体、配液用水、油藏温度和油藏地层特性的配伍性。

胶态分散凝胶（CDG）的主要特点是聚合物浓度（300mg/L）和交联剂浓度（30mg/L）低，反应机理是分子内交联反应形成收缩的分子胶粒，体系黏度不增加，能流动，可大剂量注入，从而实现液流深部转向、提高注入流体的波及体积。CDG 与弱凝胶的区别在于：CDG 是胶态分散体系，而弱凝胶则是低强度的三维网状结构。

CDG 的聚合物用量少，有很好的耐温性和抗二价离子的能力，胶凝时间长，流动性好，可长时间保持流动和注入能力。CDG 调驱具有三个特点：①可以进入油藏深部，当以胶态整体存在于油藏中时，使注入水绕道而提高水驱波及体积；②可以在油藏中移动，相当于多次常规堵剂调剖；③在较低压力梯度下不能经过孔隙狭窄的多孔介质，而在较高压力梯度下，由于分子构象发生变化能够通过多孔介质，因此 CDG 又是一种可流动的调驱剂。由于游离的聚丙烯酰胺和 CDG 本身可以提高洗油效率，因此，CDG 调驱技术具有提高注水波及系数和洗油的双重作用，可以较大幅度地提高采收率。

3. 颗粒类堵水调剖化学剂

颗粒类堵水调剖化学剂主要包括三类：①土类，如土、黏土、黄河土等；②非体膨型颗粒，如果壳、石灰乳、青石粉等；③体膨型颗粒，如轻度交联的聚丙烯酰胺、聚乙烯醇粉以及预交联凝胶颗粒等。这类凝胶颗粒的调堵作用机理主要是物理堵塞作用，包括捕集作用、絮凝作用等。体膨型颗粒遇水膨胀，增强了其封堵能力，更适用于裂缝和大孔道的封堵。

堵水调剖中用到的颗粒凝胶种类较多，主要包括无机颗粒和预交联凝胶颗粒。其中无机颗粒是最早用于堵水调剖的凝胶颗粒之一，现场用到的无机颗粒有黏土、粉煤灰、矿物粉和超细水泥等。

通常通过物理模型实验对无机颗粒凝胶地层渗透率适应性进行评价，即将颗粒凝胶颗粒制成悬浮液，注入（或挤入）不同渗透率的人造岩心中并测量岩心的渗透率，通过对比分析注入颗粒凝胶颗粒前后渗透率的变化，得到凝胶颗粒粒径与岩心孔喉尺寸的关系，用于指导颗粒凝胶颗粒的选择。实验用到的物理模型有填砂岩心和人造胶结岩心。孔径与粒径之比为 3～9 时，凝胶颗粒即可产生良好的堵塞效果。悬浮物粒径与地层孔径之比为 1：（3～7）时，将对地层产生较大的伤害作用，鉴于此，在低渗透油田中对于无机颗粒类堵剂要慎重使用。

预交联聚合物是一种在地面条件下将单体（或聚合物）与交联剂反应，并添加一定的支撑材料形成的一种具有膨胀性的调剖堵水剂。它能够吸水膨胀，因其聚合物分子上具有大量的酰胺基、羧基等吸水基团，使其可以吸收相当于自身质量几倍、几十倍甚至上千倍的水（或盐水）；吸水后形成的凝胶体在适当的条件下不易失水，具有很好的保水性能，可长期滞留在地层孔隙中，达到调剖、堵水的目的。

生成的凝胶体具有一定的弹性和韧性，在压力作用下可以变形，可以在地层孔隙中运移，有效防止窜流的发生。与交联聚合物相比，它减小了地层温度、矿化度、细菌等多种因素对油水井调剖堵水效果的影响；与无机固体颗粒相比，减弱了颗粒对管线的磨损等问题。同时具有较好的选择性进入能力，易于进入大孔道，而不易进入微小孔道，可选择性地封堵高渗透层，达到调节渗透率差异的目的；有利于减少调剖剂对非目的层的伤害；可通过适当选择颗粒凝胶的粒径分布使调剖剂在非目的产油层形成表面堵塞而顺利地进入水驱大孔道，从而达到调剖剂选择性进入封堵层位的目的；可根据施工的实际条件选择适当膨胀倍数和强度的微粒，具有一定的驱替作用。

预交联凝胶颗粒具有三维立体网状结构，基本组成为含有大量亲水基团的合成柔性高分子。但不同于合成高分子聚合物和生物聚合物结构,它具有极好的吸水膨胀而不溶解性能,这种亲水特性使其在不同条件下能显著改变其体积大小,同时通过交联作用产生的三维付架结构使其具有一定的强度,能在地层深部形成堵塞,使流体流向改变。更为重要的是,吸水膨胀后的黏弹体在外力作用下能发生形变,并且这种形变是可逆的,当外力减小时形变在一定程度上能恢复。深部调剖中可充分利用这种特点使油藏深部压力场的分布得以改变,从而实现地层深部流体转向的目的。

预交联颗粒调剖剂评价指标包括:密度、抗压强度、突破压力、吸水倍率、溶胀倍率、阻力系数、残余阻力系数、传输能力、抗剪切能力、膨胀速率、热稳定性、弹性模量、黏性模量、韧性、膨胀时间、膨胀率、凝胶颗粒的圆度和粒径等。

此外,近年来还发展了一种无机有机复合颗粒调剖剂,其形成原理为:黏土颗粒悬浮分散在水中,表面积很大,丙烯酰胺聚合物 PAM 分子上的极性基团容易在黏土颗粒表面发生吸附,形成凝聚体;在体系中引入硅酸钠组分,在适当的 pH 值下生成水玻璃,水玻璃发生缩合生成硅氧长链,硅氧长链形成网状结构,可与 PAM 分子链上的极性基团作用,生成稳定的具有很高强度的复合凝胶。这种凝胶对高渗透条带具有很好的封堵能力,其耐温抗盐性好,价格低廉,可用于高含水、特高含水及地层条件恶劣的区块稳油控水。应用时用水携带注入油藏,在近井地带由于压差较大,凝胶颗粒在水驱压力下运移,驱动孔隙内的剩余油流向生产井,起驱油作用。在油藏深部由于压差较小,溶胀的凝胶颗粒在油藏孔隙内滞留,堵塞孔隙通道,起深部液流转向作用。

4. 泡沫类堵水调剖剂

泡沫类堵水调剖剂具有成本低、抗高温、堵水不堵油等优良特性,是一种具有发展前途的选择性堵剂。泡沫体系具有黏度高、封堵能力强、堵大不堵小、堵水不堵油等特点,且封堵能力随渗透率的增大而增大。因此,泡沫在驱油及堵水调剖方面均有广泛应用。对于高含水甚至特高含水开发阶段的油田,泡沫调剖(驱)以其实施成本低、工艺相对简单、提高采收率效果明显等优点,有望成为进一步改善高含水阶段开发效果及聚合物驱后提高原油采收率的有效接替技术。

泡沫形成的必要条件包括:一是要气液连续、充分接触;二是要在水中加入起泡剂,在纯净液体中产生的泡沫只能在瞬间存在。

起泡剂的加入,首先可以降低液体的表面张力,降低体系的表面自由能,增加体系的稳定性;其次,可以增加泡沫液膜的强度和弹性,提高液膜承受外力的能力,增加液膜的稳定性;最后,可以提高泡沫液膜的表面黏度,降低液膜的排液能力,增加泡沫的稳定性。起泡剂的质量直接影响泡沫的性质,稳定性是泡沫研究的核心问题。

泡沫调剖就是利用泡沫对地层孔喉的封堵作用而迫使蒸汽转向,提高采收率的一种方式。泡沫是气体在液体中的粗分散体系,构成蒸汽泡沫的主要成分是表面活性剂,与普通泡沫不同的是,用于稠油吞吐井中所产生的泡沫必须耐高温,表面活性剂在注蒸汽的地层条件下能产生泡沫并能稳定一定的时间。泡沫调剖依赖其在注汽过程中产生的大量泡沫封堵高渗透地层的咽喉地带,注入蒸汽由于压力增高而转向其他孔隙,平面上提高蒸汽的波及面积,纵向上增加低渗透层的吸汽量,从而提高注汽效率。

泡沫调剖的优点在于对地层伤害较小,半衰期后,其泡沫可以缓慢、自然解堵;其施工简单、方便。其缺点在于封堵压力较低,有时达不到要求的理想压力,对水窜没有控制能力;泡沫稳定性受稠油特性、储层黏土含量、水质影响很大,使其应用受到较大限制。要获得较理想的封堵效果,需要持续不断地挤入药剂,以维持泡沫稳定和处理周期,导致成本过高。另外,目前国内可供选择的起泡剂较少,进口起泡剂成本较高,使现场应用受到很大程度的限制。

5. 改变岩石润湿性的堵水剂

改变岩石润湿性的堵水剂主要包括以下两种:

(1)阳离子表面活性剂(如季铵盐类等)。由于岩石表面带负电性,使用阳离子表面活性剂,其带正电荷部分与岩石表面相吸附使其亲油端朝外,即使岩石表面覆盖着一层亲油的烃基层,因而增加了油相渗透率,减少了水相渗透率,从而具有堵水作用。

(2)甲硅烷堵水剂。在地层条件下,甲硅烷与水相互作用缩聚的结果,使岩石表面建立起憎水效应。例如,苯基三氢甲硅烷能在岩石表面形成有效的憎水性,同时在岩石孔隙表面有很好的黏附性,还能与油层中原生封存水相互作用形成具有憎水性的聚合物膜,对油流相对扩大孔道的有效截面,相反能限制或阻止水的流动和降低水相渗透率,有效地达到选择性封堵地层水的目的。氰凝堵水活性稠油堵水剂也属此类。

6. 树脂类堵水剂

树脂类堵水剂是指那些由低分子物质通过缩聚反应产生的不溶不熔的高分子物质,包括酚醛树脂、环氧树脂、糠醛树脂及热塑性聚合物、聚乙烯、乙烯-乙酸乙烯酯共聚物等。

最常用的树脂是酚醛树脂。施工时,可将热固性酚醛树脂预缩液与固化剂混合后挤入水层,在地层温度和固化剂作用下,热固性酚醛树脂可在一定时间内交联成不溶不熔的酚醛树脂,将水层堵住。

7. 微生物类堵水调剖化学剂

微生物堵水调剖是把能够产生生物聚合物的细菌注入地层,在地层中游离的细菌被吸附在岩石孔道表面后形成附着的菌群,随着营养液的输入,细菌在高渗透地层大量繁殖,繁殖的菌体细胞及细菌产生的生物聚合物等黏附在孔隙岩石表面,形成较大体积的菌团。后续营养物的充足提供,使细菌及其代谢出的生物聚合物急剧扩张。孔隙越大,细菌和营养物积聚滞留量越大,形成的生物团块越大,对高渗透地层起到了较好的封堵和降低吸水量的作用,使水流转向中、低渗透层,从而扩大波及区域、提高采收率。生物堵水调剖的优点是工艺简单、施工安全、不污染环境,同时降低了材料和施工的成本;其缺点是微生物过度生长可能会堵塞井。

除此之外,还有一些其他类型的堵水调剖化学剂:如水泥类,包括油基水泥、超细水泥、泡沫水泥等堵水剂;复合类堵水调剖剂,根据油藏的特点,组合使用几种化学剂,以满足堵水调剖的需求。因此,在选择堵水调剖化学剂时,需要根据低渗透油田区块特征、生产情况及堵水调剖工艺来选择合适的化学剂。

三、低渗透油田清蜡技术

(一)蜡的定义与特征

1. 蜡的定义

石油主要是由各种组分的烃(碳氢化合物)组成的多组分混合物溶液。各组分烃的相态随着其所处的状态(温度和压力)不同而变化,呈现出液相、气液两相或气液固三相。其中的固相物质主要是含碳原子个数为 $16\sim64$ 的烷烃,这种物质称为石蜡。

纯净的石蜡为白色、略带透明的结晶体,密度为 $880\sim905kg/m^3$,熔点为 $49℃\sim60℃$。在油藏条件下一般处于溶解状态,其在原油中的溶解度随着温度的降低而降低,同时油越轻,对蜡的溶解性越强。对于溶有一定量石蜡的原油,在开采过程中,随着温度、压力的降低和气体的析出,溶解的石蜡便以结晶体形式析出、长大聚集和沉积在管壁等固相物质表面上,即出现结蜡现象。

各油田不同原油、不同生产条件下所结出的蜡,其组成和性质都有较大的差异。生产过程中结出的蜡可以分为石蜡和微晶蜡(或称地蜡)两大类。正构烷烃蜡称为石蜡,它能够形成大晶块蜡,为针状结晶,是造成蜡沉积而导致油井堵塞的主要原因。支链烷烃、长的直链环烷烃和芳烃主要形成微晶蜡,其相对分子质量较大,主要存在于罐底和油泥中,当然也会明显影响大晶块蜡结晶的形成和增长。一般来说,蜡的碳数高于20就会成为油井生产的威胁。

2. 蜡的特征

石蜡和微晶蜡的区别主要体现在碳数范围、正构烷烃含量、异构烷烃含量、环烷烃含量不同,石蜡是以正构烷烃为主,而微晶蜡是以环烷烃为主。

蜡的晶型常常受蜡的结晶介质的影响而改变,在多数情况下,蜡形成斜方晶格,但改变条件也可能形成六方晶格,如果冷却速度比较慢,并且存在一些杂质(如胶质、沥青或其他添加剂),也会形成过渡型结晶结构。斜方晶结构为星状(针状)或板状层(片状),这种结构最容易形成大块蜡晶团。

国内部分油田原油中所含的蜡,其正构烷烃数占总含蜡量的比例各有不同,从总体上看都呈正态分布,清蜡比较容易。

(二)低渗透油田结蜡现象及其影响因素

1. 低渗透油田的结蜡现象

不同油田,原油性质有较大差异,油井结蜡规律也不同,为了制订油井清蜡措施,必须研究油井结蜡现象。国内各油田的油井均有结蜡现象,油井结蜡一般具有下列现象:

(1)原油含蜡量越高,油井结蜡越严重。原油低含水阶段油井结蜡严重,每天清蜡两三次,到中高含水阶段结蜡有所减轻,两三天清蜡一次,甚至十几天清蜡一次。

(2)在相同温度条件下,稀油比稠油结蜡严重。

(3)开采初期较后期结蜡严重。

(4)高产井及井口出油温度高的井结蜡不严重,或不结蜡;反之结蜡严重。

(5)油井工作制度改变,结蜡点深度也改变,缩小油嘴,结蜡点上移;反之亦然。

（6）表面粗糙的油管比表面光滑的油管容易结蜡；油管清蜡不彻底的易结蜡。

（7）出砂井易结蜡。

（8）自喷井结蜡严重的地方既不在井口也不在井底，而是在井的一定深度上。

2. 油井结蜡的危害

原油含蜡量越高，油层渗透率就越低。原油开采过程中，结晶出来的蜡通过沉积会堵塞产油层，使油井产量下降，严重的甚至会造成停产。通道中的结蜡会造成油井油流通道减小，从而增大油井负荷，井口回压升高，严重时甚至会造成蜡卡、抽油杆断脱等。油井结蜡在很大程度上会影响油井产油量，因此寻求更合理的方法解决油气生产中遇到的这些问题，便成为油田开发中急需解决的课题，油井的防蜡和清蜡是油井管理的重要内容。

3. 影响结蜡的因素

影响结蜡的主要因素是原油的组成（蜡、胶质和沥青质的含量）、油井的开采条件（温度、压力、气油比和产量）、原油中的杂质（泥、砂和水等）、管壁的光滑程度及表面性质。其中原油组成是影响结蜡的内在因素，而温度和压力等则是外部条件。

（1）原油的性质和含蜡量。原油中所含轻质馏分越多，则蜡的结晶温度就越低，即蜡越不易析出，保持溶解状态的蜡量就越多。轻质油对蜡的溶解能力大于重质油的溶解能力。蜡在油中的溶解度随温度的降低而减小。原油中含蜡量越高，蜡的结晶温度就越高。在同一含蜡量下，重油的蜡结晶温度高于轻油的蜡结晶温度。

（2）原油中的水和机械杂质的影响。原油中的水和机械杂质对蜡的初始结晶温度影响不大，但油中的细小沙粒及机械杂质将成为石蜡析出的结晶核心，促使石蜡结晶析出，加剧了结晶过程。油中含水率增加后对结蜡过程产生两方面的影响：一是水的热容量（比热容）大于油的热容量，故含水率增加后可减少油流温度的降低；二是含水率增加后易在管壁上形成连续水膜，不利于蜡沉积在管壁上。因此，出现了油井随着含水率的增加，结蜡有所减轻的现象。

（3）原油中的胶质和沥青质。随着胶质含量的增加，蜡的初始结晶温度降低。这是因为，胶质为表面活性物质，它可以吸附在石蜡结晶的表面，阻止结晶体长大。沥青质、胶质进一步聚合，它不溶于油，而是以极小的颗粒分散在油中，可称为石蜡结晶的中心，对石蜡结晶起到良好的分散作用。根据观察,胶质、沥青质的存在使蜡结晶分散得均匀而致密,而与胶质结合得较紧密。但有胶质、沥青质存在时,在管壁上沉积的蜡的强度将明显增加,而不易被油流冲走。因此,原油中的胶质、沥青质对防蜡和清蜡既有有利的一面,也有不利的一面。

(4)压力和溶解气油比。在压力高于饱和压力的条件下,压力降低时,原油不会脱气,蜡的初始结晶温度随压力的降低而降低。

在压力低于饱和压力的条件下,由于压力降低时原油中的气体不断脱出,气体分离与膨胀均使原油温度降低,降低了原油对蜡的溶解能力,因此使蜡的初始结晶温度升高。

在采油过程中,原油从油层流动到地面,压力不断降低。在井筒中,由于热交换,油流温度也不断降低。当压力降低到饱和压力以后,便有气体分出。气体边分离边膨胀,为吸热过程,也促使油流温度降低。因此,在采油过程中,气体的析出降低了原油对蜡的溶解能力,降低了油流温度,从而加重了蜡晶的析出和沉积。

(5)液流速度与管子表面粗糙度及表面性质的影响。油井生产实践证明,高产井结蜡情况没有低产井严重。这是因为在通常情况下,高产井的压力高、脱气少,蜡的初始结晶温度低;同时液流速度大,井筒流体在流动过程中热损失小,从而使液流在井筒内保持较高的温度,蜡不易析出。另外,由于液流速度大,对管壁的冲刷作用大,单位时间内通过管道某位置的蜡量增加,加剧了结蜡过程。因此,液流速度对结蜡的影响有正反两方面的作用。

由于油流速度大,对管壁的冲刷作用强,蜡不易沉积在管壁上。油管的材料不同,结蜡量也不同。管壁越光滑,越不易结蜡。另外,管壁表面的润湿性对结蜡有明显的影响,表面亲水性越强,越不易结蜡。

总之,由于原油组成复杂,因此对油井结蜡过程和机理的认识目前还处于继续深入的阶段。随着新的防蜡措施的研究,对结蜡过程和机理的认识也在不断提高。

(三)低渗透油田的物理清蜡技术

含蜡原油在开采过程中虽有不少防蜡技术,但油井结蜡仍不可避免。油井结蜡后应及时清除,清蜡技术主要有机械清蜡技术和热力清蜡技术。

1.机械清蜡技术

机械清蜡就是用专门的刮蜡工具(清蜡工具)把附着于油井中的蜡刮掉,这是一种既简单又直观的清蜡方法,在自喷井和抽油井中广泛应用。

(1)自喷井机械清蜡的设备,包括机械刮蜡设备和机械清蜡设备。机械刮蜡设备主要为绞车、钢丝、扒杆、滑轮、防喷盒、防喷管、钢丝封井器、刮蜡片和铅锤。刮蜡片依靠铅锤的重力作用向下运动刮蜡,上提时靠绞车拉动钢丝经过滑轮拉刮蜡片上行,如此反复定期刮蜡,并依靠液流将刮下的蜡带到地面,达到清除油管积蜡的目的。

采用刮蜡片清蜡时要掌握结蜡周期,使油井结蜡能及时清除,不允许结蜡过厚,造成刮蜡片遇阻下不去,而且结蜡过多也容易发生顶钻事故,要保证压力、产量绝对不受影响;否则必然是结蜡过多,影响刮蜡作业。

当油井结蜡相当严重时,下刮蜡片有困难,则应改用钻头清蜡的办法清除油井积蜡,使油管内通径,至刮蜡片能顺利地起下时则可改回刮蜡片清蜡。钻头清蜡的设备与刮蜡片清蜡设备类似,其不同点是将绞车换为通井机,钢丝换为钢丝绳,扒杆换为清蜡井架,防喷管改为 10m 以上的防喷管,钢丝封井器换为清蜡阀门,铅锤换为直径 32~44mm 的加重钻杆,下接清蜡钻头。

通常油井尚未堵死时用麻花钻头,它既能刮蜡又能将部分蜡带出地面。但是,结蜡非常严重时麻花钻头下不去,这时就要使用矛刺钻头,将蜡打碎,然后用刮蜡钻头将蜡带出地面。

(2)自喷井机械清蜡方法是最早使用的一种清蜡方法。它是以机械刮削方式清除油管内沉积的蜡,合理的清蜡制度必须根据每口油井的具体情况来制定。首先要掌握清蜡周期,使油井结蜡能及时刮除,保证压力、产量不受影响。清蜡深度一般要超过结蜡最深点或在析蜡点以下 50m。

(3)有杆泵抽油井机械清蜡,它是利用安装在抽油杆上的活动刮蜡器清除油管和抽油杆上的蜡。目前油田通用的是尼龙刮蜡器。

尼龙刮蜡器表面亲水不易结蜡,摩擦系数小,强度高,耐冲击、耐磨、耐腐蚀,一般是铸塑成型,无须机械加工,制造方便,其高度多为 65mm。值得注意的是,螺旋要有一定的夹角以保证油流冲击螺旋面时可产生足够的旋转力,使尼龙刮蜡器在上下运动时同时产生旋转运动。尼龙刮蜡器呈圆柱体状,外围有若干螺旋斜槽,斜槽的上下端必须重叠,以保证油管内绕圆周 360°都能刮上蜡,斜槽作为油流通道,其流通面积应大于 12.17cm²,为 44mm 抽油泵游动阀座孔面积的 3.2 倍以上。

尼龙刮蜡器内径大于抽油杆外径 1mm,外径比油管内径小 4mm。在抽油过程中,做往复运动的抽油杆带动刮蜡器做上下移动和转动,从而不断地清除抽油杆和油管上的结蜡。刮蜡器的行程取决于固定在抽油杆上的限位器的间隔距离,限位器的距离要稍小于 1/2 冲程长度(要考虑抽油工作制度中的最小冲程)。尼龙刮蜡器要在整个结蜡段上安装,但是应当看到,它不能清除抽油杆接头和限位器上的蜡。因此,还要定期辅以其他的清蜡措施,如热载体循环洗井、化学清蜡等措施。

2. 热力清蜡技术

热力清蜡是利用热能提高抽油杆、油管和液流的温度,当温度超过析蜡温度时,则起防止结蜡的作用;当温度超过蜡的熔点时,则起清蜡作用。一般常用的方法有热载体循环洗井清蜡、井下自控电热电缆清蜡、电热抽油杆清蜡和热化学清蜡四种方法。

(1)热载体循环洗井清蜡。一般采用热容量大、对油井不会造成伤害、经济性好且比较容易得到的载体,如热油、热水等。用这种方法将热能带入井筒中,提高井筒温度,超过蜡的熔点使蜡熔化达到清蜡的目的。一般有两种循环方法:一种是油套环形空间注入热载体,反循环洗井,边抽边洗,热载体连同产出的井液通过抽油泵一起从油管排出,这种方法的优点是,洗井能经过泵清除泵内的蜡和杂物;其缺点是热效率低,用的洗井液多,而且洗井液经过深井泵抽出影响时率,对敏感性油层还可能造成伤害。另一种方法是空心抽油杆热洗清蜡,它是将空心抽油杆下至结蜡深度以下 50m,下接实心抽油杆,热载体从空心抽油杆注入,经空心抽油杆底部的洗井阀,正循环,从抽油杆和油套环形空间返出。这种方法热的优点是,效率高,用的洗井液少,而且洗井液不通过深井泵抽出,不影响时率,由于洗井液不与油层接触,所以不存在伤害问题。但是,这种方法还不够成熟,主要是洗井阀故障较多,因此不能解决深井泵的故障问题。

矿场一般在压力条件允许下尽可能提高排量,但是在刚开始洗井时,温度和排量都不宜太高,防止大块蜡剥落,造成抽油系统被卡事故。因此,一般要待循环正常后方能提高温度和排量。

(2)井下自控电热电缆清蜡。井下自控电热电缆的工作原理是内部有两根相距约 10mm 的平行导线,两导线间有一半导电的塑料层,是发热元件。电流由一根导线流经半导电塑料至另一根导线,半导电塑料因而发热。由于该半导电塑料具有热胀冷缩的特性从而改变其电阻,导致半导电塑料通过的电流随着温度而变化,自动控制发热量。

自控电热电缆的特性决定了它可以控制温度,保持井筒内恒温。当温度达到析蜡温度以上时则起防蜡的作用,但要连续供电保持温度。作为清蜡措施,可按清蜡周期供电加热至井筒温度超过溶蜡温度。可根据此原则选择自控电缆规范,根据井筒内原始温度剖面确定结蜡深度,一般要大于析蜡温度 3℃~5℃,据此初定伴热电缆长度。若计算所选的电缆总放热量小于所需热能时,需加长电热电缆长度,以达到热量平衡。

(3)电热抽油杆清蜡。它由变螺纹接头、终端器、空心抽油杆、整体电缆、传感器、空心光杆、悬挂器等零部件组成电热抽油杆,它与防喷盒、二次电缆、电控柜等部件组成电加热抽油杆装置。三相交流电经过控制柜的调节,变成单相交流电,与抽油杆内的电缆相连,通过空心抽油杆底部的终端器构成回路,在电缆线和杆体上形成集肤效应(空心抽油杆外经电压为零),使空心抽油杆发热。电热抽油杆控制柜分为 50kW 和 75kW 两种。电缆截面积为 $25mm^2$,额定电压为 380V,额定电流为 125A。可按抽油杆设计方法来选择空心抽油杆。

实心抽油杆为了克服螺纹部分应力集中,都采取了加大螺纹承载面积的办法,一般外螺纹承载面积加大了 1.38~1.67 倍,内螺纹承载面积加大了 2.49~3.41 倍。螺纹部分明显偏弱,强度设计不合理,实际上是与实心抽油杆等强度的空心抽油杆质量偏重,既浪费了钢材,又增加了动载荷和惯性载荷。而且空心抽油杆系列内径不统一,抽油杆本体截面积与实心杆不等效,给抽油杆柱设计带来一系列困难。因此,在选用空心抽油杆时要特别注意这个问题。

(4)热化学清蜡方法。为清除井底附近油层内部和井筒沉积的蜡,过去曾采用过热化学清蜡方法,它是利用化学反应产生的热能来清除蜡堵,例如,氢氧化钠、镁、铝与盐酸反应产生大量的热能。

具体在实施热化学清蜡的操作过程中,需要将两种药液用两台泵车(双液法)按比例从环形空间和另一通道油管或连续油管等按一定配比注入(有杆泵抽油井可上提杆式泵或利用反复式泄油器)。在油井射孔段上方附近进行反应使其达到热峰值。但是要特别注意,套管内不能注入任何带腐蚀性的液体,以保护套管。

该反应由于是瞬间完成达到热峰值,因而两台泵车在施工过程中不能有任何失误,否则就容易发生事故,这是热化学清蜡方法的缺点。为此,近年来在反应催化剂方面进行了深入的研究,新开发的各种类型的催化剂可以控制热化学反应开始发生的时间。根据施工的需要选用不同的催化剂,使开始反应的时间从 10min 至 6h 内可以随意调整。由于新催化剂系列的开发,进行热化学清蜡施工时也可以只使用一台泵车(单液法),保证了施工的安全。

热化学清蜡方法很少单独用此方法清蜡,常与热酸处理联合使用。

(四)低渗透油田的化学药剂清蜡技术

用化学药剂对油井进行清蜡是目前油田应用比较广泛的一种清蜡技术,这是因为,用化学药剂进行清蜡,通常是将药剂从环形空间加入,不影响油井正常生产和其他作业,除可以收到清蜡效果外,使用某些药剂还可以收到降凝、降黏和解堵的效果。化学清蜡剂有油溶型、水溶型和乳液型三种液体清蜡剂,此外还有一种固体防蜡剂。

解决蜡沉积的办法有以下两种:

(1)使用一种(或多种)物质能在金属表面形成一层极性膜,以影响金属表面的润湿性。

(2)加入一种(或多种)物质使其改变蜡晶结构或使蜡晶处于分散状态,彼此不相互叠加,而悬浮于原油中。这类物质就是通常所说的蜡晶改进剂和蜡晶分散剂。

防蜡剂就是基于上述原理而研制开发的。

1. 防蜡剂的分类

能抑制原油中蜡晶析出、长大、聚集和(或)在固体表面上沉积的化学剂称为防蜡剂。常用的防蜡剂有稠环芳烃、表面活性剂和聚合物三种类型。

(1)稠环芳烃。防蜡用的稠环芳烃主要来自煤焦油中的馏分,都是混合稠环芳烃。稠环芳烃在原油中的溶解度低于石蜡,将它们溶于溶剂中,从环形空间加至井底,并随原油一起采出。在采出过程中随着温度和压力的降低,这些稠环芳烃首先析出,给石蜡的析出提供了大量晶核,使石蜡在这些稠环芳烃的晶核上析出。但这样形成的蜡晶不易继续长大,由于在蜡晶中的稠环芳烃分子影响了蜡晶的排列,使蜡晶的晶核扭曲变形,不利于蜡晶发育长大,这样就使这些变形的蜡晶分散在油中被油流携带至地面,从而起到防蜡作用。

也可将稠环芳烃掺入加重剂,制成棒状或颗粒状固体投入井底,使其缓慢溶解,延长使用效果。一些稠环芳烃的衍生物也有防蜡作用。

(2)表面活性剂。用于防蜡的表面活性剂可以是油溶性的,也可以是水溶性的,二者的作用原理不同。

水溶性表面活性剂是通过吸附在结蜡表面,使非极性的结蜡表面变成极性表面,从而防止了蜡的沉积;油溶性表面活性剂是通过吸附在蜡晶表面,使非极性的蜡晶表面变成极性的蜡晶表面,从而抑制了蜡晶的进一步长大。

(3)聚合物。聚合物防蜡剂都是油溶性的梳状聚合物,分子中有一定长度的侧链,在分子主链或侧链中具有与石蜡分子类似的结构和极性基团。在较低的温度下,它们分子中类似石蜡的结构与石蜡分子形成共晶。由于其分子中还有极性基团,因此形成的晶核扭曲变形,不利于蜡晶继续长大。此外,这些聚合物的分子链较长,可在油中形成遍及整个原油的网状结构,使形成的小晶核处于分散状态,不能相互聚集长大,也不易在油管或抽油杆表面上沉积,而易被油流带走。

梳状聚合物是效果好、有发展前景的防蜡剂,复配使用时有很好的协同效应。聚合物防蜡剂侧链的长短直接关系到防蜡效果,当侧链平均碳原子数与原油中蜡的峰值碳数相近时,最有利于蜡析出,可获得最佳防蜡效果。

2. 防蜡剂的作用机理

在地层中,原油中所含的蜡处于溶解状态,在原油采出过程中,随着温度、压力的降低,原油中的蜡逐渐析出,油井在一定深度内开始结蜡。大量的研究表明,当温度降低到某一数值时,原油中溶解的蜡便开始析出,通常把这个开始析出的温度称为初始结晶温度。当原油温度低于初始结晶温度时,便有蜡的结晶出现。随着温度继续降低,蜡便不断析出,结晶也不断析出、长大、聚集并沉积在油管壁上造成油井结蜡。由此可见,结蜡过程分为析蜡、蜡晶长大和沉积三个阶段。若蜡是从某一固体表面(如油管表面)的活性点析出,此后蜡就在这里不断增大引起结蜡,则结蜡过程就只有前面两个阶段。

原油中蜡的正构烷烃的熔点随蜡的碳数增高而上升,实际上,原油中的蜡不是单一纯净的化合物,而是多种化合物的混合物。它们混合在一起,会导致各个纯净化合物的熔点有不同程度的降低。随着油井中原油向井口流动,其温度不断降低,熔点比较高的高碳数蜡会首先结晶析出,形成结晶中心,随后其他碳数的蜡也会不断结晶析出,这是不可改变的自然规律。因此,化学防蜡不是抑制蜡晶的析出,而是改变蜡晶的结构,使其不形成大块蜡团,并使其不沉积在管壁上。

蜡在结晶过程中首先要有一个稳定的晶核(这种晶核通常是高碳数蜡的聚集体)存在,这个晶核就成为蜡分子聚集的生长中心。事实上,在晶核形成之前,原油中就已存在着蜡分子束的形成和破坏过程,不过在温度还不足够低的时候这个过程是处于平衡状态而已。随着原油温度的降低,越来越多的蜡分子从原油中沉积出来,沉积的蜡分子浓度也会越来越大,并足以使原油中蜡分子束破裂,使其平衡遭到破坏,随之而来的便是分子束的叠加作用,从而使蜡晶增长。蜡从原油中结晶析出后,就有可能在管壁表面直接生长,或者油中的蜡晶彼此结合,并在金属表面堆积。

乙烯-乙酸乙烯共聚合物(EVA)这种类型的化学防蜡剂能够与蜡晶结合在一起而干扰蜡晶生长。这类化合物通常与蜡形成共晶体而阻碍蜡晶的相互结合和聚集。

EVA 作为防蜡剂中的蜡晶改进剂对原油具有强烈的针对性,在选用时一定要注意 EVA 中亲油碳链的碳数要与原油中蜡晶的平均碳数基本接近,且碳数分布也应基本一致,才能收到最好效果。

此外,另一种类型的化学防蜡剂通常是破坏蜡分子束的形成,从而防止晶核形成,当然,也就改进了蜡晶的结构,防止了原油中蜡的叠加和沉积。聚乙烯就是这类蜡晶改进剂的典型代表。

聚乙烯基本上有两种结构类型:一种是结晶型聚乙烯;另一种是非结晶型聚乙烯。

通常作为防蜡剂用的聚乙烯是非结晶型多支链聚乙烯,原油中含有少量的聚乙烯,在冷却情况下,它能形成网状结构,石蜡以微结晶形式附着在上面。由于网状结构的形成,石蜡结晶被分散开而无法相互叠加、聚集和沉积,也就收到了防蜡效果。聚乙烯对蜡晶的分散度与聚乙烯的浓度、结构和相对分子质量有密切的关系。在使用聚乙烯作为蜡晶改进剂时,原油中必须含有足够的天然极性物质(如沥青质和胶质),否则就必须加入分散剂,才能收到良好的防蜡效果。这是由于这些天然极性物质(或分散剂)能够围绕蜡晶建立潜在的"栅栏",协助聚乙烯防止这些蜡晶的相互堆积。

水溶性表面活性剂与油溶性表面活性剂的烃基端可与石蜡烃相互接近,而极性端则与原油中的水分子或原油输送管道内壁相结合,阻止了蜡晶直接附着在管壁上。根据表面活性剂防蜡作用机理,表面活性剂防蜡剂加入原油中之后,在管壁上形成活性水膜,使非极性的蜡晶不易黏附。再者,表面活性剂分子的非极性基团与蜡晶颗粒结合,使之吸附在蜡晶颗粒上,亲水的极性基团向外,形成一个不利于非极性石蜡在上面结晶生长的极性表面,使颗粒保持细小的状态悬浮在原油中,达到防蜡的目的。

3.清蜡剂的分类

能清除蜡沉积的化学剂称为清蜡剂。清蜡剂的作用过程是将已沉积的蜡溶解或分散开使其在油井原油中处于溶解或小颗粒悬浮状态而随油井液流流出,这涉及渗透、溶解和分散等过程。其作用机理根据不同的清蜡剂类型会有所不同,清蜡剂主要有以下三种类型:

(1)油基清蜡剂。这类清蜡剂是溶蜡能力很强的溶剂,主要有如下三类:

1)芳烃:苯、甲苯、二甲苯、三甲苯、乙苯、异丙苯、混合芳烃。

2）馏分油：轻烃、汽油、煤油、柴油等。

3）其他溶剂：二硫化碳、四氯化碳、三氯甲烷、四氯乙烯等。

这些溶剂中，二硫化碳、四氯化碳等是油田早期使用的清蜡剂，其清蜡效果优异，但由于它们本身的毒性以及在原油加工中造成的腐蚀性和催化剂中毒等问题，已经禁止使用。芳烃的蜡溶量和溶蜡速度都比馏分油好。

（2）水基清蜡剂。水基清蜡剂是由水、表面活性剂、互溶剂和（或）碱按一定比例组成的清蜡剂，适合于含水率较高的油井清蜡。

表面活性剂的作用是改变结蜡表面的润湿性，使其易于剥落分散。常用的表面活性剂有烷基磺酸盐、烷基苯磺酸盐、脂肪醇聚氧乙烯醚、烷基酚聚氧乙烯醚、脂肪醇聚氧乙烯硫酸钠、烷基酚聚氧乙烯硫酸钠、吐温等。

互溶剂的作用是增加水和油的相互溶解度。常用的互溶剂有如下三类：

1）醇类：异丙醇、正丙醇、乙二醇、丙三醇等。

2）醚类：丁醚、戊醚、己醚、庚醚、辛醚等。

3）醇醚类：乙二醇单丁醚、丁二醇乙醚、二乙二醇乙醚、丙三醇乙醚等。

互溶剂中常用的是乙二醇单丁醚。

4. 化学药剂清蜡方法

化学药剂清蜡方法不但要对不同的原油和石蜡性质筛选最优的清蜡剂配方，而且要保证清蜡剂不间断地在原油中保持设计的配方和浓度，才能有效地解决石蜡的结晶和沉积问题，达到清蜡的目的。而且如何正确使用清蜡剂，充分发挥清蜡剂的清蜡效果也是一个很重要的因素。现场往往发现筛选出的配方、浓度和用量，在室内实验时效果很好，而在现场实施效果并不理想，甚至无效，主要是因加药方法不当造成的。因此，化学药剂清蜡必须根据油井状况和结蜡情况，采用合适的加药方法来保证充分发挥清蜡剂的清蜡效果。总的原则是防蜡时要保证防蜡剂始终不间断地与原油和石蜡接触，清蜡时要保证清蜡剂有一定时间与石蜡接触，使石蜡溶解和剥离。为此，要根据不同情况采取不同的加药方法。

（1）自喷井清蜡：由于自喷井井口压力比较高，因此一般采用自喷井高压清蜡装置加药。

清蜡时先关闭进气阀、连通阀、套管阀，打开放空阀放空后，打开加药阀向高压加药罐内加入足够量的清蜡剂，然后关闭放空阀、加药阀，打开进气阀和连通阀，将清蜡剂压入油管内进行清蜡。

防蜡时，按清蜡的方法将防蜡剂加入高压加药罐内。连续加药，先关闭连通阀、加药阀、放空阀，打开进气阀，用套管阀控制单位时间加药量。断续加药,方法同前,只是套管阀开大,将高压加药罐内的防蜡剂一次加入油套环形空间,但是要注意加药周期确保油管中始终有足够的防蜡剂,最简单的办法就是用示踪剂测试求得合理的加药周期。

(2)抽油井清蜡:抽油井油管不通,因此只能从套管加药,一般采用抽油井清蜡装置。加药时先关闭进气阀和连通阀,打开放空阀放空,再打开加药阀加入足量的药,然后关闭加药阀和放空阀,打开进气阀,清蜡时开大连通阀,将清蜡剂一次加入油套环形空间,计算好清蜡剂到达结蜡井段时停机溶蜡。防蜡时的操作与自喷井大同小异。也可用光杆泵进行连续加药。

(3)固体防蜡剂的加药方法,通常是用固体防蜡装置。将固体防蜡剂做成蜂窝煤式样,装入固体防蜡装置内,下到进油设备与深井泵之间,当油流经过时逐步溶解防蜡剂,达到防蜡目的。也有的在泵的进油口以下装一个捞篮,将固体防蜡剂制成球状或棒状,由油套环形空间投入,待防蜡剂溶解完了以后再投。

(五)低渗透油田的微生物清蜡技术及其生物制剂

1.微生物清蜡技术发展历程

目前,微生物技术已经发展到能够处理油田中遇到的多种生产问题。在过去,这些问题主要包括油井结垢及腐蚀,油井结蜡最小化以及提高原油采收率。"微生物在生物代谢作用下所产生的酶类,可以裂解重质烃类和石蜡,使原油黏度、凝固点降低,从而降低原油的流动阻力,改善原油的流动性能,提高原油产量和采收率。"[①]微生物清蜡是微生物采油技术的一个分支,其主要目的是对油井油管、抽油杆清除和防止结蜡,同时延长作业周期。

微生物清蜡技术在油井中的应用有多年的历史,并且微生物清蜡技术得到了蓬勃发展。微生物清蜡技术作为一个新型技术,它是利用细菌自身的新陈代谢活动以及新陈代谢后的产物来清蜡。与机械清蜡、热力清蜡、强磁防蜡、化学剂清蜡等技术相比,微生物清蜡效果好、操作简单、无损害、安全可靠、效益高,同时能够克服原油集输过程中的结蜡问题。

微生物清蜡技术具有其他清蜡技术无可比拟的优点,故有望成为未来油井清蜡的主要技术之一。微生物清蜡技术的局限性在于:微生物在温度较高、重金属离子含量较高、盐度较大的油藏条件下易遭到破坏,而且培养

---

① 邹江滨.大庆西部外围低渗透油田微生物采油技术研究[D].北京:中国地质大学,2007:1.

微生物的条件不易于把握。可以通过遗传工程、生物工程和基因工程的手段，在现有菌种的基础上来克服这些制约发展的局限性。

2. 微生物清蜡的机理

微生物清蜡技术是微生物采油技术（MEOR）的一个分支。微生物清蜡技术是针对原油中含有蜡的特点，根据其结蜡原理，把筛选出的合适细菌注入采油井筒，通过微生物自身具有黏附在金属表面生长，能够在金属表面形成一层微生物保护膜的特点，阻止石蜡结晶，同时缓解或者防止井筒结蜡的一种新兴技术。其主要目的是对抽油杆、油井油管清除和防止结蜡，并且能够延长作业周期。适用微生物清蜡技术的条件是：地层温度为 30℃ ～ 85℃，油井含蜡量大于 3%，油井经常热洗。

目前，微生物清蜡的机理主要表现在以下三个方面：

（1）细菌对油井结蜡有一定的降解作用。

（2）细菌及其代谢产物能够形成微生物保护膜，对井筒有一定的维护作用。

（3）细菌对石蜡有一定的分散作用。微生物通过代谢过程，产生有机酸及表面活性剂等各种化学物质，能够降低油水界面张力，乳化，降低原油黏度，降低原油凝点，并且改变原油组分，改善原油流变性，进而避免井筒内管柱和井筒附近石蜡结晶。

3. 微生物清蜡的特点

目前，热力清蜡和化学清蜡是油田通常采用的清蜡方式，但热力清蜡和化学清蜡有一定的缺点，热力清蜡作业周期短，需要经常停井热洗；化学清蜡方法需要往地层注入化学剂，而注入地层的化学剂会对地层造成伤害，并且会影响油品的质量。

微生物清蜡技术是近年来替代常规的高温热油洗井和清蜡剂溶液洗井的一项新技术，通过近年来国内外微生物清蜡技术的现场应用，总结出引用微生物清蜡技术许多突出的优点：施工方法简单，操作费用较低，作用周期较长，并且不影响油的品质，对地层不会造成任何伤害等。

4. 微生物清蜡选井条件

实施微生物清蜡技术的油井应满足以下条件：

（1）井况正常的抽油机井，井底温度最高不超过 120℃，其原油含蜡量大于 3%，油井含水率小于 80%，热洗周期为 20 ～ 45 天，矿化度小于 50000mg/L，沉没度为 250～300m，油井环空通畅，无杀菌剂等化学物质。

（2）施工油井应在近半月内无酸化、化学固沙等措施，且套管井筒不加杀菌剂。

根据上述条件,在实施微生物清蜡技术时,可以选用出砂井、水敏井、低产低效井和普通稠油井,不宜选用不含水的油井和自喷井。

5. 微生物清蜡的菌种筛选

各种微生物菌种只能利用特定含蜡原油。目前,微生物菌种可对碳原子数范围为 C_{16}—C_{63}(甚至细化到某一特定碳数段)的烷烃分子进行生物降解。因此,应借鉴国外先进技术和经验,针对不同油田具体油井的蜡质情况进行试验,筛选出耐温、耐盐、高效、适应性强的微生物菌种。

菌液配制用水为不含杀菌剂和其他化学剂的回注污水或清水。

6. 微生物清蜡的施工及加药工艺

为了获得良好的微生物清蜡效果,施工前先进行一次常规热洗,且热洗要彻底,待油井恢复正常生产后,采用套管加入法加入微生物清蜡菌剂,即在抽油机正常工作(不关井、不停井)的情况下,将一定量的菌剂从油套环形空间泵入油井,一般一月一次,必要时应加入少量营养剂。

在油井微生物清蜡期间应注意考察施工参数,即生产电流、示功图、载荷和油井产量,并据此对菌种加入量和加入周期进行调整。此外,针对有特殊参数的油井或油田生产现场有特殊要求的情况,可采用特殊的加药方法(包括菌剂加药量、加药周期,营养剂的投加与否及其加药量、加药周期等),应根据具体情况设计相应的施工方案。

加药量与油井泵的沉没度及产液量有关。泵的沉没度通过影响环空总液量,进而影响菌液的加入量;产液量会影响菌剂加药周期。菌液浓度一般为 $0.5\%\sim1\%$,加药后需关井 3 天,3 天后开井生产。加药周期要依据现场试验而定,通过首次加药,现场对试验井进行动态数据监测,分析油井的生产参数变化,根据抽油机载荷、电流、动液面、产液量、含水量、菌液浓度等各项数据的变化,调整加药量和加药周期,逐步探索出最经济、最有效的加药量和加药周期,把微生物清蜡技术的成本降到最低。

7. 微生物清蜡现场应用效果评价指标

为了评估微生物清蜡技术的现场应用效果,目前一般采用现场施工监控指标和经济效益指标进行评价。

(1)现场施工监控指标。

1)油井开采电流、载荷与示功图。分析微生物清蜡措施前后油井开采电流(上行、下行)、载荷(上行、下行)和示功图,能够在一定程度上了解微生物清蜡效果。具体而言,洗井前,由于井筒存在一定程度的结蜡现象,因而抽油泵电动机负荷、电流呈逐渐上升趋势,同时示功图趋向肥大(上行载荷变大、下行载荷变小所致);洗井后,由于井筒结蜡被洗净,抽油泵电动机负荷、电流在短时期内基本保持稳定在较低水平,示功图正常。若洗井后不及时采取微生物清蜡措施,则会出现结蜡卡井现象,具体表现在抽油泵电动机负荷、电流会逐渐上升,示功图趋向肥大;若洗井后及时(一般在洗井后2～5天)采取微生物清蜡措施延缓结蜡过程,则抽油泵电动机负荷、电流在较长时期内基本保持稳定(可在一定范围内波动),示功图正常。

2)热洗和检泵周期。根据使用微生物清蜡技术前后的热洗和检泵周期的变化可以评价现场应用效果,即计算油井采取清蜡措施前后热洗周期、检泵周期的比值,若比值越大,则表明清蜡措施效果越好。

(2)经济效益和社会效益指标。

1)经济效益指标。经济效益指标主要包括如下方面:

第一,减少油井因结蜡而检泵等作业次数和热洗次数,节约作业费用和洗井费用;停止化学清蜡的投加,节省化学清蜡剂费用。

第二,缓解油井结蜡,减小油井载荷及电流,提高泵效,减少能耗,由此达到节能增效的目的

第三,实施微生物清蜡技术时不影响正常油井生产,也不存在返排问题,因而可减少洗井所导致的产量损失。

第四,由于实施微生物清蜡技术的操作简单,因而可以减少人工操作成本。

2)社会效益指标。由于微生物清蜡菌剂无毒、无害、无味,与热洗(包括热油洗、热水洗等)、投加化学清蜡剂等清蜡措施相比较,采用微生物清蜡技术更加安全环保,因此可以获得良好的社会效益。

第三节　低渗透油田的微生物驱油技术

一、低渗透油田微生物驱油的规律

对于主要受注入水影响的高含水区块或高含水生产井,油水渗流通道已经形成,水线推进主要方向上和水驱波及范围内的剩余油饱和度较低,注入水进入无效循环阶段,区块整体含水达到90%以上,居高不下。为了解决区块高含水问题,综合治理高含水区块,需要延长微生物在地层中繁殖和

代谢的时间,同时使后续注入的微生物驱替液,能够进入水驱主流线两侧的原油未动用或动用程度较低的区域,从扩大波及效率和提高洗油效率两个方面达到提高采收率的目的。

微生物驱油技术在借鉴常规调剖堵水工艺技术的基础上,现场试验采取组合措施,实行"先调后驱,调驱结合"的思路,即在注入本源微生物发酵液之前,先注入一定量的调剖段塞,实现对封堵高渗透条带的封堵,待注入压力上升并保持稳定一定的时间后,再注入一定浓度的微生物发酵液,最后再加上一个封口段塞,以保证微生物段塞在地层中充分的繁殖、代谢和作用。

对于微生物驱油规律的认识有助于对微生物驱油效果进行科学有效的评价,指导微生物驱油技术的发展和现场应用。

(一)压力上升,剖面改善

微生物驱油技术实施后,注入井整体表现为压力上升,视吸水指数下降,说明微生物驱油技术实施后,封堵了高渗透条带,改善了纵向吸水剖面,改变了后续水驱渗流方向,扩大了波及面积。依据高压压汞实验可知,注水压力的上升,原有渗流通道阻力增大,在措施前后配注量不变的情况下,为了平衡吸水量和压力,需要增大吸水厚度,主流线两侧物性相对较差,喉道比较细小,需要更大的启动压力才能启动,而注水压力的提高能够启动主流线两侧的油层,压力越大启动的孔隙或喉道越细小,剖面得到改善,变不可动原油为可动原油,启动了地层中更细小空间内的原油,降低了原油的流动门槛,增加了油井的产量。

(二)功能菌数量增加,菌群结构稳定

对微生物驱油施工过程的注入井,实行了为期 6 个月的不间断跟踪监测,主要监测菌群结构、主要功能菌群和数量。对于措施有效井,措施前后微生物菌群结构和主要功能菌均发生了较大的变化,措施无效井,措施前后优势菌种和数量均变化不大。

有效井优势菌群发生变化,连续监测 6 个月,检测结果均为注入菌种,油藏中整体菌群结构发生改变,向着有利驱油方向发展。注入菌种在地下快速建立了优势,菌种增加 2～3 个数量级,注入菌种在近井地带有氧和营养充分的条件下大量繁殖和代谢,产生大量的生物表面活性剂,随着注入水的不断注入,菌种被带入远井厌氧地带,在无氧和营养匮乏的情况下,以原油作为唯一碳源继续繁殖和代谢,不断作用于远井地带的原油,提高原油采收率。

（三）连通层发育好的生产井增油效果较好

随着连通厚度和连通率的增加,增油效果也相应提高,其原因主要是微生物菌种是以注入水为载体,油水井连通性好、连通厚度大,说明油水井对应关系好,由于地层本身的非均质性,使得水驱不均匀,造成油水井间剩余油饱和度仍然较大,挖潜潜力较高,物质基础较丰富,增油效果明显。

（四）单向、双向、多向受效增油效果依次增加

单井增油量依次为单向受效井、双向受效井、多向受效井,分析原因主要是在微生物驱油前期,区块已注水开发相当长的一段时间,注水受效期已过,注入水开始形成突进,水流扫过区域,洗油效率较高,水驱主流线已经形成,区块整体进入高含水阶段,对于多向受效井,周围对应注水井,注水受效方向较多,水驱效率较高,水驱主流线方向剩余油饱和度较低,剩余油饱和度是措施井组取得增油较好效果的物质基础,多向受效使得水驱效率较高,剩余油饱和度较低,整体物质基础相对薄弱,增油效果就不明显。

相反,单向受效井对应注水井组,水驱方向和效率受到非均质性的限制和影响,油水井之间在纵向和平面上的剩余油饱和度较高,物质基础比较丰富,增油效果明显,双向受效井的剩余油饱和度介于多向受效井和单向受效井之间,故增油效果介于这二者之间。

（五）相似连通性,见菌时间越晚,增油效果越好

为了进一步验证增油效果与注入菌种对应关系,在实验室内对岩心中的微生物赋存状态以及现场实施前后见菌时间和菌种增殖维持时间进行跟踪监测。微生物虽然在端面会有部分被截留,但仍有部分菌种进入地层,在岩心的孔隙和喉道中存活下来,并开始大量的繁殖和代谢,吸附滞留在岩心孔隙和喉道表面形成生物膜,能够保证微生物驱油效果的有效性、稳定性、高效性和长效性。

对于相似连通性的井组,见菌时间越晚,说明微生物菌种在地层中的增殖和代谢维持时间越长,那么井组增油效果也就越好,这主要与微生物菌种的作用机理相关,微生物在地层中发挥驱油或增产作用主要依靠两个方面:一方面是微生物细胞本身,另一方面是微生物代谢产物,这两者作用的前提和基础是微生物能够在地层中拥有充足的繁殖和代谢时间。

因此,见菌时间越晚,菌种增殖维持时间越长,说明微生物在地层中作用时间越长,且一直保持增殖状态,微生物数量和代谢产物浓度持续增大,

驱油效率不断提高,所以增油效果越好,这从相应生产井的生产曲线同样可以得出一致的结论。

(六)改善原油物性,提高原油流动性

微生物作用原油主要从两个方面实现:一方面,通过微生物细胞本身的繁殖和代谢活动降解原油长链烃,降低原油黏度,提高原油流动性;另一方面,通过微生物代谢产物作用于原油,乳化降低原油黏度,提高原油流动性。

通过对微生物驱油实施前后原油的物性和组分进行分析,可以发现,微生物及其代谢产生的活性物质能够降低原油黏度,降黏率 50% 以上,同时能够使原油中的蜡、胶质、沥青质等重质组分轻质化,改善了原油物性,降低了原油黏度,实现了原油黏度的永久降黏,提高了原油在油层中的流动性。

二、微生物驱油地质的影响因素

了解了微生物驱油的相关规律需要对微生物驱油地质影响因素进行定量化分析,并制作相应的图版,来指导现场的选井选层和驱油效果评价。

(一)剩余油饱和度

剩余油饱和度是所有措施效果保证的前提和物质基础。因此实施任何措施前都必须对剩余油或挖潜潜力进行监测和评价。应用真实砂岩微观水驱油模型模拟注水开发油藏水驱后剩余油的数量和分布状态,由于水驱渗流通道的不同使得剩余油状态和数量存在很大的差异,作为增油效果的物质基础,增油效果的好坏取决于剩余油饱和度的多少和面积的大小。

在相同的试验条件下,增油效果与剩余油饱和度呈正相关关系,与采出程度呈负相关关系。这说明随着剩余油饱和度的增加,采出程度的降低,增油效果明显。对于低渗透储层来说,由于受其原始含油饱和度、微观孔隙结构和渗流通道的限制,使得水驱采出程度较低,递减较大,剩余油饱和度较高,因此增油效果较好。

(二)储层物性

随着孔隙度的增加,渗透率的降低,增油效果明显,这也是低渗透储层采收率低的主要原因之一。对于低渗透储层,由于后期成岩改造作用,使得储层中的原生孔隙消失殆尽,后期的改造作用形成的次生孔隙主要以溶蚀孔隙为主,微观孔道整体较小,粗孔道较少,连通性较差,甚至于不连通,毛

管力较大,造成水驱油路线单调,水驱沿着压力较低的主流线推进,水线推进速度较快,水淹程度较高,波及面积较小,最终驱油效率低,剩余油潜力较大,因此增油效果较好。由相关系数来看,孔渗比>孔隙度>渗透率。

(三)水线推进速度

微生物驱油效果的好坏,除要求剩余油这个物质基础较多外,还要求微生物在地层中的繁殖能力和代谢水平,这就要求微生物要在地层中有足够的滞留时间,以保证微生物及其代谢产物在地层中的活性,即水线推进速度与微生物代谢繁殖能力相匹配。室内通过真实砂岩微观水驱油模型模拟了不同水线推进速度下的水驱油推进路线,实验室条件下,水线推进速度主要与孔喉之间的连通性相关,连通性不好,启动压力较高,水进不去或水线推进速度非常慢,推广到生产上,就是注水不受效井,不管注水井提高或降低配注,对应生产井均无反应,依然我行我素。

对于连通性太好的井,最大的优势就是受效比较快,但是水淹也比较快,呈现出暴性水淹的现象,这主要是由于地层中存在高渗透条带,使得水线推进速度较快所形成的。

对于以水作为载体的微生物来讲,面临同样的问题,水线推进速度和微生物的繁殖能力和代谢水平必须保持一致。因此,对现场测试的水线推进速度与增油效果进行统计,验证了微生物驱油效果与水线推进速度的匹配关系,随着水线推进速度的增加,增油效果表现出先增加后降低的趋势特征。

水线推进速度小于1m/d,说明油水井之间的连通性较差,注入微生物很难波及生产井周围,产量变化较慢或基本无变化,增油效果较差;水线推进速度在1~5m/d,增油效果较好,这主要是因为水线推进速度与微生物繁殖能力和代谢水平匹配性较好,生产井持续受效,有效期长,增油效果明显;水线推进速度大于5m/d时,油水井存在窜流现象,注体系进入无效循环,使得微生物在油层中的作用时间太短,代谢产物活性较低,有增油效果,但是有效期较短,因此需要将微生物繁殖和代谢能力与水线推进速度相匹配,才能起到更好的增油效果。

(四)井组含水

井组含水一方面表示高含水的来源,另一方面表示油水井之间渗流通道的大小。对现场试验井组含水情况与增油效果进行统计,随着含水的上升,增油效果呈先上升后降低的趋势,这主要是由于注入的微生物菌种是以水作为载体,随注入水携带进入地层,含水较低,说明油水井连通性较差,导致注入水很难或尚未波及对应生产井,增油效果较差;而井组含水太高时,油水井之间存在较大孔道,造成注入水突进,微生物菌种的繁殖和代谢时间受到一定的限制,微生物菌种在有限的时间内代谢产物活性不高,增油效果也较差。

因此,在注微生物菌剂之前,需要增加前后封堵段塞,保证微生物在地层中的繁殖及其代谢产物的水平,这样才能更好地作用于地层中的原油。

(五)储层非均质性

储层非均质性是指储层在形成的过程中受沉积环境、成岩作用和构造作用的影响,在空间分布及内部储集物性上存在不均匀的变化。平面非均质性是指储层在平面上形成的不均匀性,一般用注采井组中最大产液量和最小产液量的比值来表征。纵向非均质性是指储层在纵向剖面上形成的不均匀性,一般用渗透率级差来表征储层非均质性是影响低渗油气藏渗流及油气采收率的主要因素。对储层平面和纵向非均质性统计可以看出,均质性越好,增油效果越好,从相关系数来看,增油效果主要受平面非均质性的影响较大。其主要原因是平面非均质性表征注水井网完善程度和注水受效程度,平面渗透率或非均质系数一般通过调整井网或注采比来优化。

(六)压力上升空间

为了保证微生物在地层条件下,具有足够的繁殖能力和代谢水平,微生物驱油实施前后需要增加封堵段塞,这对整个系统提出了更高的压力需求。封堵一方面是为了封堵地层中的高渗透条带,改变后续微生物驱替液的液流方向,另一方面是保证或控制微生物在地层中的繁殖和代谢时间。

随着压力提升空间的增大,增油效果呈上升趋势,随压力稳定时间的延长,增油效果呈上升趋势,这说明封堵体系的有效性和长效性是微生物驱油增油效果的前提和基础,压力上升增大了低渗透油藏的启动压力,压力的提升可以启动水驱主流线两侧的低渗透储层以及主流线中更细小的孔道中的剩余油,压力稳定时间越长,后续微生物驱替液以及注入水扩大的波及面积越大,增油效果越好。压力上升越低,稳定时间越短,微生物驱替液和注入水很快就会突破,形成新的高渗透条带,造成体系无效循环,使得增油效果较差。

第三章　低渗透油田的优化技术与改善对策

第一节　低渗透油田的注水优化技术

低渗透油层渗流阻力大，能量消耗快，油井投产后，压力和产量都迅速大幅下降，且压力、产量降低之后，恢复起来十分困难。"为了提高油田的生产效率，对低渗透油藏进行注水工艺，增加井下石油的高度，并降低开采的难度，有效提高了开采的速度。"[①]

一、低渗透油田的注入水

（一）低渗透油田的注入水水质要求

我国油田拥有丰富的低渗透油田储量，虽然近十几年来有许多新技术、新工艺、新材料、新方法用于油田开发，但注水开发仍是这些油田开发的主要方式，占有很大的比例。为了增加低渗透油田注水开发的采收率，对注入水水质问题的研究势在必行。

低渗透砂岩油藏在中国油田分布广泛，且多处于高温、高压的中深层，以粉砂岩和细砂岩为主，油藏物性差，孔隙度低（5%～20%），渗透率低于10mD 的油层占低渗透油藏总数的 50% 以上。低渗透油田的注入水质问题是影响油田整体开发效果的主要因素之一。

在低渗透油田开发中执行这个标准时出现了很多问题，主要有两个方面：①为了保证注入水水质达到注入水水质标准，需采用精细过滤等污水处理技术，由此增加了污水处理费用；②采用达到了注入水水质标准的水，反

---

①　张起翡，张昭，曹开开，等.低渗透油田注水开发的生产特征及影响因素[J].化工设计通讯，2019，45（01）：47.

而使得油藏的非均质性更加严重,注入水压力升高,采用常规的酸化解堵起不到任何作用。由此可见,该注入水水质标准存在一定的问题,而对油藏开发影响比较大的主要指标是油和悬浮物,在实验室主要对这两项指标进行了研究。

1. 悬浮物的影响

(1)水中悬浮物对注入水的影响程度。水中的悬浮物如黏土、有机物、微生物、化学沉淀等进入油层后都能直接堵塞渗流孔道,降低吸水能力。由于悬浮物的组成、颗粒大小、形态、注入水层位、油、水、岩石等地质条件及所采用的注入水工艺等的不同,对注入水水质的要求应该有区别。一般先采用岩心进行室内注水实验,提出水质指标,然后通过现场实注进行注水效果及经济效益的综合评价。

(2)悬浮物对渗透率不大于20mD岩心的堵塞影响。悬浮物浓度越大,对岩心的伤害越大。对于悬浮物粒径来说,不能说悬浮物的粒径中值越小,对岩心的伤害就越小。悬浮物粒径中值稍大的颗粒会在储层近井处形成滤饼,不会进入深处小孔道中造成深度伤害,这和大家公知的"1/3～1/7"定律相符合。即使随着注入量的增多,会使滤饼渗透性降低,由于滤饼位于近井处,可以采用常规的酸化解堵的方法将其除去。所以在制定注入水水质标准时,可根据悬浮物粒径中值与储层孔喉的配伍程度,将以往的水质标准适当放宽,这样既能够节约处理水质达标的成本,还能够使悬浮物对储层的伤害降至最低。

2. 油的影响

(1)油对地层伤害的机理。

1)液阻效应。即乳化油滴堵塞孔喉通道。当乳状液的液珠大于孔喉直径时,它会阻塞孔喉,且发生变形,这就是所谓的液阻效应或液锁。当生产压差大于附加阻力(或称毛细管力)时,油滴将被挤过孔喉;当生产压差小于附加阻力时,油滴将滞留在孔喉处,造成地层堵塞。

2)吸附作用。乳状液液珠在孔隙中会受到重力、范德华力,同时由于黏土和液珠均带电荷,还有电应力存在。在这些力的作用下,一部分液珠吸附在孔隙的某些部位,孔喉附近油滴的吸附可能减小有效孔隙直径而影响注入效果,这样便降低了地层的渗透率,从而对地层造成损害。

3)乳化使水相渗透率降低。一些乳化油滴在孔喉处产生液锁、吸附效应,使水相渗透率降低。许多情况下,注入水中不仅有原油,而且有来自注水泵或其他地面设备的黄油和润滑油以及蜡和氧化原油。这些物质在原油中的溶解度低且黏度高,久而久之有可能在注水井周围形成一个高黏层,使渗透率大幅度降低。

(2)注入水中含油对储层的伤害研究。油田注水过程中,乳化油滴的来源主要有两个途径:

1)注入水进入地层后与地层中的残余油接触,由于原油中自带的环烷酸、脂肪酸等天然表面活性剂在剪切力作用下产生乳化而形成乳化油滴。

2)由于注入水中或污水中存在表面活性剂和注水过程中的水力搅拌作用,会使注入水中所含的原油发生乳化。根据岩心渗透率级别,设计了一组实验,考察不同浓度下的油珠对岩心的伤害程度,以获取不同浓度下的油珠与渗透率伤害的关系。

注入水中的含油对储层的伤害是不可忽视的,乳化油粒径相同,浓度越大,对岩心的伤害越严重;当乳化油的浓度相同时,随着粒径增大,伤害程度略减小。但注入水中含油,难以做到完全不伤害储层,只有在经济许可的条件下尽可能地控制含油对储层的伤害。对于低渗注水储层,将注入水含油量控制在 15mg/L 是适宜的。

(二)低渗透油田的注水时机选择

低渗透油田压力敏感性伤害的程度要比中高渗透性油田大,因此造成注水井注水压力升高,注水量下降,补充地层能量困难;生产井产量递减快,产能低,泵效低,采油速度低。这是低渗透油田注水开发普遍存在的问题。

为尽量减小地层压力降低造成的不利影响,低渗透油田应该实施早期注水,适当提高地层压力开采。可先打注水井提前投注,至少同步投产投注,把压力敏感性伤害造成的不利影响降到最低程度。注水井投注初期排液解堵是必要的,但时间不宜过长,避免造成较大的压力敏感性伤害。在避免钻井、完井造成伤害的情况下,也可以不排液直接投注。

超前注水,就是在新区投产前一段时间,油井关井,水井首先投入注水,使地层压力升高,当地层压力或者注水量达到设计要求后,油井开始投入生产,开发过程中,通过调整注采比控制油藏压力。超前注水的作用机理主要是保持了较高的地层压力,建立了有效的压力驱替系统,降低或者避免了因地层压力下降造成的储层伤害。

注水时机不同,油井产量恢复程度差异大。注水 3~4 个月油井开始见效,注水区油井产量得到了迅速恢复,且注水后稳定产量为注水前产量的 2 倍以上,大约为同期非注水区产量的 3 倍。由此看来,双河油田注水不仅可以稳定产量，而且可以大幅度提高单井产量；实行超前注水，可以使稳定产量达到更高水平。这充分说明该油田适宜注水，其效果十分明显。

二、低渗透油田的压力系统研究

合理压力水平是指既能满足油田提高排液量的地层能量的需求，又不会造成原油储量损失，降低开发效果的压力水平。也就是指在现有井网及工艺条件下或经过井网及工艺调整后，不同含水时期存在一个最大生产压差，对应有一个最大合理注水压力和一个合理最小井底流压，这个合理生产压差既保证了油藏注采达到平衡，也可满足实现最大排液量的提液措施的需要，同时又保证了油藏内原油不会外溢（不会造成油层储量损失），因此，合理压力水平是注水开发油田经济、高速、高效开发的保证。

在研究确定出合理压力水平之后，就可判断目前油藏压力水平是否合理，是否达到最大合理压力水平，以保证最大产液的需求，以及井网调整和工艺技术改进的余地有多大，从而指导矿场实际开发调整工作，以保证油田更有效、更经济地投入开发。

要确定合理压力水平，首先应确定合理最小井底流压和最大合理注水压力，然后根据注采平衡原理确定出油藏合理压力水平。

（1）合理最小井底流压。

1）满足泵效的最小合理流压。

2）根据饱和压力确定流压。根据开发矿物实践，对于低渗透油田，汽油比较高，脱气严重的油藏，初期采油井流压一般不低于饱和压力的 80%；汽油比较低的油藏，采油井流压一般为饱和压力的 50%～70%。

（2）最大合理注水压力。注水井最大合理注水压力是指既能充分满足注水工作的需要，又使地层破裂的概率最小的注水压力，即注水井最大的井底流压要保证小于油层的破裂压力。通常井底最大注入压力不超过岩石破裂压力的 90%。

1）油层破裂压力。油层破裂压力一般在实验室测定，也可以由经验公式近似计算。油层破裂压力主要有三种确定方法：泊松比计算法、水力压裂经验法、现场压裂统计法。

2）最大注入压力。按照注水井井底最大流压不超过破裂压力 90% 的原则，计算注水井最大井口。但在开发过程中，要根据吸水指示曲线选择并调整合理的注水压力。

（3）合理地层压力的确定。根据能量保持与利用，以及低渗透油藏开发经验，尤其是长庆油田和延长油田开发经验，特低渗透油层压力保持在原始地层压力附近，可以保证油井有足够的生产能力及合理的开采速度。

如果采取同步注水开发方式，油井投产后，地层压力保持在原始地层压力附近或以上；如果采取超前注水开发方式，地层压力保持在原始地层压力的 110%～120%，生产井产量增幅最高，因此，地层压力保持在原始地层压力的 110%～120%。

超前注水并不是保持地层压力越高越好，而是存在一个合理压力保持水平。在地层压力保持水平为 117% 时，单井产量增幅最大，高于此水平产量增幅开始减小，同时由于地层压力保持过高，也加大了注水管网系统的承载负荷，增加注水成本。因此，在陕北地区，合理的超前注水保持压力水平在 115% 左右为宜。

三、低渗透油田的不稳定注水技术

不稳定注水是一种将周期注水和改变液流方向注水相结合的注水开发方式，即按照注水井组轮流改变其注入方式，在油层中建立不稳定的压力降，促使原来未被水波及的储层、层带和区段投入开发，从而提高非均质储层的波及系数和扫油效率，即提高原油采收率。

（一）不稳定注水影响因素

（1）地层非均质性。地层非均质性指地层渗透率非均匀程度，通常使用渗透率变异系数、渗透率级差等参数加以表征，变异系数或渗透率级差越大，表明地层非均质性严重。一般来说，地层非均质性表现为平面非均质性和纵向非均质性。

（2）储层连通程度。低渗透油藏储层结构复杂，油层厚度小，隔夹层较为发育，由于隔夹层的存在，注入水在层间的渗流变得困难，只能够在本层流动，层间难以发生流体交换，进而就难以将低渗透层的原油通过压力波动驱替至高渗透层并得以采出。

（3）裂缝发育程度。对于低渗透油藏尤其是特低-超低渗透油藏，裂缝的存在使地层具有了较高的导流能力，这在投产初期是有利因素，但是对于注水开发，尤其是在注水开发后期，裂缝性减水是低渗透开发的致命性问题。

（4）注采政策。除地质方面的影响因素之外，注采政策对不稳定注水效果具有较大影响,如注水量变化幅度、注水周期、注水轮次等。

(二)油藏符合不稳定注水的条件

(1)油藏裂缝发育。低渗透油藏地下裂缝系统发育,裂缝的存在扩大了渗流通道,使油藏形成了渗透率差别较大的高低渗透层段。在裂缝和高渗透层段周围,油层压力高、含水高、水淹严重;而在裂缝不发育和低渗透层段,油层压力低、含水低、剩余油富集。

(2)油层大多属于正韵律油层。正韵律油藏的不稳定注水效果优于反韵律油藏。常规注水时,正韵律油藏由于重力的附加影响,层内储量动用不均衡的状况要比反韵律油藏严重,其低渗层段的剩余油潜力大于反韵律油藏。不稳定注水时,强注强采增加的水平驱动力有效地抑制了垂向重力作用的不利影响,因此,正韵律油藏采出程度提高幅度要高于反韵律油藏。由此推论,复合韵律油藏由于其高、低渗层交互分布,层间流体交渗作用更充分,因而其改善水驱的效果更好。

(3)油层润湿性为亲水。亲水油藏不稳定注水效果优于亲油油藏。在加压过程中,油藏积累能量与油藏润湿性无关,即亲水、亲油油藏水驱效果都能得到改善。不同的是,亲水油藏由于油层毛细管的滞留作用,在高、低渗带流体发生交渗作用时,必然有部分注入含油孔隙中的水被毛细管力滞留于低渗含油孔隙中,从而替换出等量的油。

(三)周期注水时机及注水参数的选择

1. 注水时机的选择

(1)根据数模结果进行选择,由较高含水期转入周期注水效果较好。其原因是:在油层水淹程度小的情况下,高低渗带内流体基本都是原油,液流交换失去意义,且过度提高注水强度,会加剧高低渗层水驱不均衡的矛盾,水驱开发效果将变差。而在高含水期或特高含水期转入周期注水,高渗层内流体多为注入水,高低渗带间液流交渗作用才有意义,毛细管压力和亲水油藏的吮吸作用能够得到充分发挥,油藏采收率幅度相对较高。

(2)根据生产情况,在常规注水方式下开发,含水上升率较高,有必要开展不稳定注水。

2. 注采比优选

合理注采比范围为 0.9～1.05。过高的注采比会造成水窜,含水上升快,区块最终采收率低;注采比过低,地层压力下降快,不能正常生产;注采比在 0.9～1.05 时,含水上升较慢,压力能保持稳定,开发效果较好。

3.注水周期优选

优选合理注采比和注水方式后,可对波动周期进行计算。注水量波动幅度高于 50% 效果最好。低于这个量值,一个周期内,为了保持一定的注采比,注水时间就要相对延长,而长注短停效果差。但水量波动幅度过大,对注水压力要求过高,也会给注水系统带来难度。根据注水量的波动幅度,考虑到低渗透油田保持地层压力开发的要求,采用了强注和弱注的方式。

4.注水方式对称性选择

根据周期注水的模拟结果,长注短停的采收率最低;对称型即注停相等的效果略好;不对称型的短注长停效果更好;不对称的水井强注期间油井停产,水井停注期间油井枯竭采油,这种方式采收率最高。

5.采用改向注水的方式

采用注水井并排交替强注、弱注的方法,即一排注水井强注时,另一排注水井弱注,依次交替、从而对应一排油井,有两排注水井改向交替注水,能够起到较好的注水效果。

第二节　低渗透油田的储层保护技术

油田在勘探开发的各个环节均可造成低渗透层油层伤害。究其原因,均属油层本身的潜在伤害因素,它包括储层的敏感性矿物、储渗空间、岩石表面性质及储层的液体性质等。外在条件发生变化时,包括钻开油气层、射孔试油、酸化、压裂等,储层不能适应变化情况,就会导致油层渗透率降低,造成油层伤害。对低渗透油层特别强调油层保护并不是因为这类油层比高渗透油层更易受污染,而是因为低渗透油层自然渗透能力差,任何轻微的伤害都会导致产能的大幅度降低,因此,低渗透油层的油层保护尤为重要。

一、低渗透油田的储层保护

(一)确定适合的注入水质与强度

1.建立合理的工作制度

在临界流速下注水。室内速敏实验已求出油气层的临界流速,根据该流速可以计算出与之相应的生产中注水临界速度。一般而言，只要控制注水速度在临界流速以下，可防止速敏损害发生。

控制注水、注采平衡可以有效地防止水指进或减缓指进、水锥的形成，防止乳化堵塞，提高驱油效果。

2. 控制注水水质

控制注入水引起的油气层损害，必须从控制注入水水质入手，因此注入水入井前要进行严格的注入水水质处理。

注入水水质是指溶解在水中的矿物盐、有机质和气体的总含量，以及水中悬浮物含量及其粒度分布。水质指标可分为物理指标和化学指标两大类。通常，物理指标是指水的温度、相对密度、悬浮物含量及其粒度分布、石油的含量。注入水的化学指标是指盐的总含量、阳离子（如钙、镁、铁、锰、钠和钾等）的含量、阴离子（如重碳酸根、碳酸根、硫酸根、氯离子、硫离子）的含量、硬度与碱度、氧化度、pH 值、水型、溶解氧、细菌等。对于某一特定的油气层，合格的水质必须满足注入水与地层岩石及其流体相配伍的物理和化学指标。

一般注入水应满足的要求包括：①机械杂质含量及其粒径不堵塞喉道；②注入水中的溶解气、细菌等造成的腐蚀产物、沉淀不造成油气层堵塞；③与油气层水相配伍；④与油气层的岩石和原油相配伍。不同的油气层应有与之相应的合格水质，切忌用一种水质标准来对所有不同类型的油气层的注入水水质进行对比评价。中国石油天然气总公司推荐的注入水水质指标不宜笼统地应用于中、低渗的油气层，而是要针对不同的油气层使用不同的注入水水质标准。因此，制定出一整套水质保障体系是技术的关键。

3. 正确选用各类处理剂

各种水处理添加剂如防膨剂、破乳剂、杀菌剂、防垢剂、除氧剂等，许多都具有表面活性。在注入水水质预处理时应考虑两个原则：①选用每种处理剂时，严格控制该剂与地层岩石和地层流体的相溶性，防止生成乳状液及沉淀和结垢，伤害地层；②同时使用几种处理剂时，严格控制处理剂相互之间发生的化学反应，防止生成新的化学沉淀，从而伤害地层。一旦油气层发生伤害，一般难以完全消除。目前常用以下两种消除方法：

（1）使用表面活性剂浸泡。回注表面活性剂到地层，并用回流帮助浸泡，使油润湿反转复原为水润湿，恢复地层相对渗透率。向地层注入破乳剂使乳状液破乳。由于油、水分散，解除了乳状液的堵塞，故使降低了的相对渗透率复又回升。这种方法一般称岩化学解堵。

（2）化学除垢。目前国内外采用的除垢剂有若干种，不同的水垢应采用不同的化学除垢剂。水垢大致可分为三类：①水溶性水垢；②酸溶性水垢；③化学不活泼的水垢。前两类常使用相应的化学除垢剂来消除水垢；后者常因水垢既不溶于水也不溶于酸，而用化学方法难以收到预期效果，因此采用机械方法除垢。常用的消除水垢的机械方法有爆炸、钻磨、扩眼、补孔等。目前，现代物理方法如核磁共振、超声波振荡等也开始被考虑用于解堵。

（二）确定合理生产压差

地层压力包括注水井平均地层压力、油井平均地层压力和全油田平均地层压力。油田地层压力一般是指油井的平均地层压力。注水开发油田是为了保持一定的地层压力注采比。注采比与地层压力的关系不仅仅只是表现在注采比绝对值大小上，还与绝对注入量和采出量、油层性质和流体性质等因素密切相关。但仅研究注采比与油井地层压力关系，只能有大致的趋势和界限。

从物质平衡原理和流体动力学基本规律分析，油田从投产投注开始，注采比与地层压力存在以下关系规律：

（1）当注采比小于1时，油井地层压力一直连续下降，随着时间的延长，下降速度减缓。注水井地层压力开始有所上升后下降。

（2）注采保持平衡，即注采比等于1时，油井地层压力也要逐渐下降，低于原始地层压力，注水井地层压力逐渐上升，高于原始地层压力，到一定时间后，两者均趋于稳定。

（3）注采比大于1时，油井地层压力一直连续下降，随着时间的延长，下降速度减缓。注水井地层压力逐渐上升，高于原始地层压力，从油田实际开发动态观察分析一般油层渗透率高的油田。

油层压力对注采比的反应比较灵敏、关系比较规律，和理论计算比较接近。低渗透油田情况则大不一样，地层压力对注采比的反应很缓慢，而且二者之间的规律性也比较差。

一般油层渗透率高的油田，年（或月）注采比一般要提高到1以上，甚至到2，地层压力才能稳定回升。但对于裂缝性砂岩油田要特别注意，注采比不能过高。地层压力恢复不能过快，以免由于注水压力过高，注水强度过大，而造成油井暴性水淹，反而降低油田开发效果。

对于一般低渗透油田，为了恢复地层压力、提高油井产量和改善油田开发效果，注水压力和注采比可以适当提高，可以在油层微破裂情况下注水，注采比可以提高到 2.0 左右,但对于裂缝性低渗透油田则要特别注意,要严格控制注水压力不能超过地层裂缝张开和延伸压力,以防止大量产生套管损坏和油井暴性水淹等严重问题。

二、低渗透油田的油层保护

(一)油层伤害的原因

(1)钻井液、完井液和作业过程中的压井液,由于在施工中,液柱压力往往大于油层压力,可使作业中的固体微粒或污物进入油层。

(2)注入水中的机械杂质和其他不溶物质随着注入水进入地层,而造成的油层伤害。

(3)注入水与地层中的黏土矿物相遇,造成黏土矿物膨胀,或注水速度大于临界流速,而使微粒发生迁移,造成孔道堵塞。

(4)压裂施工中,一方面扩大了地层的渗透能力,另一方面压裂液水解或返排不彻底,滞留残渣造成油层伤害。

(5)油层酸化作业中,酸溶液中的铁离子、铝离子和氢氧根离子形成胶状物而引起油层伤害。

(6)不配伍的水注入地层,或采油过程中压力和地温降低,而发生新生矿物的沉淀结垢,堵塞油层。

(7)细菌,特别是厌氧细菌的尸体,丝状或长链细菌及腐生菌,造成地层桥堵。

(8)由于外部液体进入产生的毛细现象,使相渗透率和润湿性发生变化,造成孔隙的液锁而伤害油层。

(二)油层保护技术的类型

"油田勘探开发中的油层保护技术措施,一直是油田开发的重要组成部分。"[①]油层保护技术众多,下面根据不同的应用情景(图 3-1)进行解读。

1. 钻井过程中的油层保护技术

钻井过程中对油层的污染伤害主要是由于钻井液和完井液性能差;失水量大;密度高,压差大;固相含量高,滤饼作用小;浸泡油层时间长以及滤

---

① 刘广涛.油田勘探开发过程中的油层保护措施[J].化工管理,2018(30):66.

液化学成分与产层水不配伍等原因造成的。

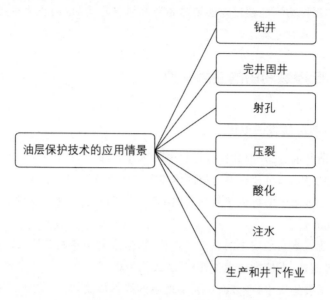

图 3-1 油层保护技术的应用情景

采取防护技术措施有以下三个方面：

（1）优质钻井液完井液。优质钻井液是指性能优良无固相或低固相并与地层液体相配伍的钻井液。目前，针对我国油气藏的特点，已形成水基、油基和气体型三大类 63 种配方的钻井液。三大类中以水基钻井液为主。

1）水基钻井液完井液。水基钻井液完井液成本低，防护效果较好，目前在油田上使用量最多，主要有六种类型：

第一，改性钻井液完井液。这种钻井液完井液是将常规钻井液进行改性处理，主要是降低固相含量，添加可酸溶的或油溶的处理剂，使其变成具有保护油层作用的钻井液完井液。

第二，低膨润土聚合物钻井液完井液。该钻井液完井液中膨润土含量低于 50g/L，并加入起保护油层作用的处理剂。

第三，无膨润土聚合物钻井液完井液。这种钻井液完井液中不含膨润土等各种黏土矿物和一般固相物质，而含有可被酸、油、水溶解的固相物质，这些固相物质起调节密度和暂堵作用，但完井后必须进行作业处理。

第四，水包油钻井液完井液。将一定量的油分散于水中形成一种乳状的钻井液。这种钻井液可起到防止井漏和保护油层的作用。

第五，无固相钻井液完井液。该钻井液实际上是悬浮物颗粒直径小于

$2\mu m$ 的清洁盐水体系。

第六,阳离子聚合物钻井液完井液。这种钻井液完井液有较强的抑制黏土水化膨胀,防止井壁坍塌和保护油层的作用。

2)油基钻井液完井液。油基钻井液完井液所产生的滤液是油不是水,因而不会使油层中水敏性黏土矿物膨胀或产生化学反应沉淀而伤害油层。但有机膨润土的颗粒直径和添加剂(主要是乳化剂)的选择必须匹配恰当,以防止固相颗粒堵塞和产层润湿性反转而伤害油层。

3)气体型钻井液完井液。气体型钻井液完井液主要是指泡沫流体钻井液,在油田钻井中主要用稳定泡沫。稳定泡沫是出气体(空气)、液体、发泡剂和稳定剂配成的分散体系。用泡沫流体钻井不仅可以实行负压钻进,以防止井漏和保护油层,而且还可以延长钻头寿命,提高机械钻速。

在选用钻井液完井液时,应根据不同油田的地质条件和工艺水平,既要强调保护油层,又要注意经济效益。

(2)平衡压力钻井技术。平衡压力钻井,要求钻井过程中井筒钻井液液柱的压力与地层孔隙压力接近平衡,二者之间的压力差比较小。

实行平衡压力钻井,不仅可以减少钻井液滤失量和对油层的伤害,而且还可以降低井下摩擦阻力,提高钻井速度。

平衡压力钻井的关键是要准确地预测出地层孔隙压力、地层破裂压力和井壁坍塌压力。预测地层孔隙压力的方法有地震层速度法、dc 指数法(一种形式的标准化钻速法)、声波时差法和 RFT 实测法。在新地区或地层条件复杂的情况下,一般对几种方法进行综合分析,使预测压力尽可能接近地下实际。

合理的钻井液密度应使钻井液液柱压力比地层孔隙压力略大,比地层破裂压力略小,一般是在地层孔隙压力上增加一个附加值,附加值使用绝对值时通常为 1.5～3.0Pa,用系数表示时为 0.05～0.10。

(3)屏蔽暂堵技术。屏蔽暂堵技术是防止钻井过程中由于钻井液浸害造成井壁坍塌和堵塞油层孔隙的一种新技术。其基本原理是利用固相离子的堵塞规律,在钻开储油层的几分钟时间内,在 30min 左右井壁范围内快速形成一个井壁屏蔽环,从而阻止钻井液和滤液对油层的浸害。这种薄的屏蔽环可被任何一种射孔弹穿透并易于进行返排,解除堵塞。

屏蔽暂堵技术的基本工艺就是在打开油层前,对原有钻井液进行改性处理,在钻井液中有针对性地引入高纯度、可处理的固体颗粒,这些颗粒的粒径要与储层孔喉匹配,且粒度分布合理。根据不同作用,这些固体颗粒分为架桥粒子、充填粒子和可变形粒子三大类。这些粒子在压差作用下,在井壁形成一层薄而低渗的屏蔽环带,从而有效地防止钻井液中固相和液相的继续浸入。

架桥粒子一般为碳酸钙微粒,其粒径为储层平均孔喉直径的三分之二,浓度 2%～3%。充填粒子主要是原膨润土钻井液中的细粒子,它逐步充填于架桥粒子之间。

可变形粒子一般为可变形的碳化沥青粒子,其粒径为储层孔喉直径的五分之一,浓度 3%,通过可变形粒子的进一步冲填,把井壁完全堵死,从而可有效地防止钻井液对储层的继续伤害。屏蔽暂堵技术在国内低渗透油田钻井中已广泛应用,效果比较明显。

(4)欠平衡钻井技术。20 世纪 90 年代以来,欠平衡钻井技术在国外大量推广应用,它对保护油层及解放油层生产能力发挥了重要的作用。

欠平衡钻井是在钻井过程中,人为使钻井循环流在井筒内形成的静液柱压力低于所钻产层的孔隙压力。产层流体经地面井控设备有效控制地进入井筒,并返至地面,再经地面循环、净化和除气系统装置处理后,进行反复循环的钻井作业。欠平衡钻井技术,亦即我国过去俗称的"边喷边钻",不过那时技术设备还不适应,基本处于无控制状态。

欠平衡钻井按使用条件及适应范围可以分为以下类型:

1)低压地层(压力系数小于 1.0),可使用泡沫钻井,充气钻井及井下注气方法,实现欠平衡钻井。

2)高压地层(压力系数大于 1.0),则使用钻井液柱静压力加井口回压之和小于地层压力,实现欠平衡钻井。

欠平衡钻井技术对于低压油层,特别对于裂缝性低压油层具有十分重要的意义。低渗透油田在采用技术措施时,需要进行技术经济评价和试验,如果投入大,增产效果和经济效益差,则应慎重选用。

2. 完井固井中的油层保护技术

(1)固井过程中伤害油层的因素。

1)水泥浆颗粒引起的伤害。水泥浆中有不同直径的固体颗粒,可能进入储层孔隙喉道,从而堵塞伤害油层。不过对于低渗透层来说,因本身孔喉非常细小,水泥浆固体颗粒进入和伤害的可能性较小。

2)水泥浆滤液对地层的伤害。由于水泥浆密度大,井底压差大,因而水泥浆的失水量比钻井液完井液都大,这是伤害油层的主要原因。

3)水泥浆滤液中无机物结晶沉淀对地层的伤害。水泥浆中有大量的无机物离子,如 Ca^{2+}、Fe^{3+}、Mg^{2+}、OH^- 和 SO_4^{2-} 等,这些无机物离子,随水泥浆滤液进入储油层,在新的条件下可能会结晶析出或沉淀出无机盐类,从而堵塞和伤害油层。

(2)固井过程中保护油层的技术措施。

1)改善水泥浆性能。

第一,逐步推广使用 API 油井水泥。API 油井水泥对化学成分、制造工艺和性能标准要求都非常严格,使用这种油井水泥,可以减轻对油层的伤害。

第二,使用添加剂改变水泥性能。①降失水剂:如羧甲基、羟乙基纤维素等;②缓凝剂和促凝剂:如丹宁酸钠和氯化钙等;③减阻剂和分散剂:如木质磺酸盐等;④减重剂:如空心微球等;⑤增强剂:如石英砂等;⑥隔离液:如 SNC 等。

2)改进固井技术。

第一,合理压差固井。要求水泥浆在注替和候凝过程中,井眼和环形空间的液柱总压力略大于地层孔隙压力,且不发生漏失和油、气、水窜通现象。

第二,提高水泥顶替效率。这是注水泥作业成功和保护油层的关键。

第三,采用低密度水泥固井技术。使用空心微球或泡沫水泥固井,这样可以大大降低水泥浆液柱压力,减少水泥浆对油层的伤害。

3. 射孔过程中的油层保护技术

射孔过程中对油层的伤害主要有两方面原因:①射孔弹的碎屑物堵塞孔眼;②射孔液的固相和滤液伤害油层。在射孔弹打开油层的短时间内,如果井内液柱压力过大或射孔液性能不符合要求,就可能使大量固体颗粒紧粘在孔眼内油层表面上,从而伤害油层的渗透能力。射孔液可以通过射孔孔眼进入油层的较深部位,其对油层的伤害有的比钻井还要严重,因而应该十分重视。

针对射孔过程中可能伤害油层的原因,主要采取保护油层技术的措施包括:①选用新型无杵堵、穿透能力又强的聚能射孔弹;②改进射孔工艺技术,采用油管传输和负压射孔工艺;③使用优质射孔液:主要有无固相清洁盐水射孔液、无固相聚合物盐水射孔液、暂堵性聚合物射孔液和阴离子有机聚合物射孔液等。

4. 压裂过程中的油层保护技术

开采低渗透储层的油井一般都要经过压裂改造才能投入生产。虽然水力压裂所造成的填砂裂缝具有很高的导流能力,但在压裂过程中由于压裂液性能和压裂工艺的不恰当又可能会造成伤害,这种伤害不仅会大大降低填砂裂缝的导流能力,而且还会伤害储层本身的渗流能力,因而在压裂过程中要十分重视油层保护技术。

(1)压裂过程中对填砂裂缝和油层的伤害。

1)压裂液残渣伤害填砂裂缝导流能力。例如普通田菁冻胶压裂液残渣可达 20%～30%,初步实验证实,可使填砂裂缝导流能力降低 60%～90%。

2)压裂液滤液伤害油层渗流能力。在高压高温影响下,压裂液的滤失量可以达到相当大的数量。滤液进入油层可使黏土水解膨胀并与原油乳化,从而降低油层的渗滤能力。据初步实验资料,当田菁压裂液水化液挤入量达到孔隙体积 2～3 倍时,岩心渗透率伤害达 75% 左右,渗透率越低,伤害越严重。

3)返排液不及时、不彻底伤害油层。压裂液的滤液在地下长时间停留,不仅会加重黏土膨胀和油水乳化程度,而且还会产生物理和化学沉淀,加重对油层的伤害。据室内初步实验,压裂后不及时排液对岩心渗透率的伤害率要比及时排液高 3～4 倍以上。

(2)压裂过程中采取的防护技术措施。

1)选用残渣低、滤失量小的压裂液:如改性田菁冻胶压裂液、改性瓜尔胶压裂液等。

2)在压裂液中加入黏土稳定剂、表面活性剂、破乳剂、破胶剂和助排剂等添加剂。

3)压裂后要及时彻底返排压裂液。

5. 酸化过程中的油层保护技术

如何发挥酸化的正作用,尽量减小或避免对储层的伤害,是酸化设计必须考虑的首要问题。其核心是酸液与储层及其流体的配伍性,而配伍性的重点是如何防止铁的沉积。铁主要来源于地层中的绿泥石矿物、注入水中的铁离子和油套管及地面管道的铁锈。注水管道的全程防腐和高质量的水质处理可大大减少铁,但地层中的铁无法除掉。为此,在酸化液中通常加入铁螯合剂,以防止铁的沉积。常用螯合剂有乙二胺四乙酸(EDTA)、次氮三乙酸(NTA)、柠檬酸、异抗坏血酸和异抗坏血酸钠及羟基胺络合物等。当然,在用某种铁螯合剂的同时,还要考虑酸液与其他离子的配伍性,如酸液中有 HF,就要考虑 Ca^{2+}、Mg^{2+} 和 Na^+ 的沉淀,当储层有这些离子时,可用 HCl 液进行预处理。

各种离子沉淀都有一定条件,尤其是 pH 值的影响最大,因此,合理控制 pH 值,及时而彻底地排酸,是防止沉淀伤害储层的有效措施。

6. 注水过程中的油层保护技术

如果说钻井、完井、射孔以及压裂过程中对油层的伤害是短时期和局限在井底附近的,那么注水过程中对油层的伤害则是长期和深入到油层内部的,因而注水过程中对低渗透油层保护十分重要。

注水过程中对油层伤害的主要原因有:注入水中的机械杂质、铁离子和细菌等物直接堵塞油层孔道;水中氧离子和细菌腐蚀管线设备,产生杂质堵塞油层;注入水使油层中的黏土膨胀或颗粒运移堵塞油层;如果注入水质与地层不配伍,发生化学反应,产生盐类沉淀(结垢)也将伤害油层。

低渗透油层本来吸水能力就低,又容易遭受伤害,所以在注水过程中要严格水质标准。对低渗透油田的注入水一般都要经过精细过滤、除氧和杀菌,对所有地下地面的管线设备要进行防腐处理,如果油层中含泥质较多,则对注水井要进行黏土稳定处理,必要时在注入水中要加入有关的处理剂,以防止在油层中产生化学沉淀。

7. 生产和井下作业过程中的油层保护技术

在日常生产及井下作业过程中要和射孔与压裂一样,保证下井的油管、工具和压井液体清洁干净,不发生漏失、堵塞和化学伤害现象。

总之,在低渗透油田整个开采过程中,要始终坚持做好油层保护工作,这样既可以保证油水井正常稳定生产,又可以延长油水井免修期,从而改善整个油田的开发效果,提高油田开发的经济效益。

最后需要再一次强调,对低渗透油田一定要从实际出发,一切都要以经济效益为中心。能提高经济效益的技术措施必须要用,不能提高经济效益的技术措施则一定要慎用。

第三节 低渗透油田的采油改善对策

下面以辽河油区低渗透油藏为例,论述低渗透油田的采油改善对策。

一、辽河油区的低渗透油田特性

(一)辽河低渗透油区的渗透特性

辽河油区低渗透储层广泛分布于不同埋藏深度、地质时代的地层,形成了不同规模、不同圈闭类型和不同原油物性的油藏。随着油田深入开发、多年调整和综合治理,中高渗、易动用储量已基本动用。剩余地质储量中,低渗透油藏原油储量占很大比重。辽河油田按照原油的黏度,可将其划分为低黏特低渗油田、低黏低渗油田、中高黏低渗油田、低黏中低渗油田、高凝中低渗油田。

(二)辽河低渗透油区的地质与开发特性

1. 中深中厚层低黏低渗油藏地质、开发特性

该类油藏在辽河油区低渗油藏中分布最广,含油面积、原油地质储量和产量所占比例都最大,其中以欢北杜家台最为典型,因此以该油田作为中厚层低黏低渗区块的代表进行分析。

欢北杜家台油层地理上位于欢喜岭油田东北部,构造上位于西部凹陷西斜坡南部的断鼻构造带上,其东部为双台子油田,西接西部凹起,北临曙光油田,南为锦16井区。杜家台油层是本区主要含油层系之一,上覆地层为莲花油层,下伏地层为高升油层,包括欢8、欢12、杜4和齐43四个断块区,共分为32个四级小断块。动用含油面积37.24km²,动用石油地质储量2409×10⁴t。1979年,欢8块和欢12块首先投入开发,经过多年的开发,生产上反映出油层压力下降快,单井产量下降快,采油速度低等特点。

(1)地质特性。

1)地层发育及层组划分。欢北区目前钻遇地层自下而上为前震旦系及上侏罗系,它们构成基底地层、下第三系沙河街组、东营组、上第三系馆陶组、明化镇组、第四系平原组,下第三系沙河街组自下而上划分为四段,其中沙四段是本次工作的目的层。

2)构造特征。欢北杜家台油层总的构造形态为北东-南西向展布,向东南倾斜的单斜构造带。但由于早期西掉断层的继续活动以及晚期东掉断层的影响,形成高垒带。在高垒带上由北东向西南发育了齐家、欢北两个次级复合断鼻构造带。在欢北构造发育带上发育了更次一级的局部构造。

3)沉积相。欢杜家台油层复杂的沉积背景导致了不同的沉积环境发育了不同的砂体,主要有扇三角洲相、近岸浅水水下扇、滑塌体、湖湾及鲕滩等。

4)储层特征。本套储层岩性以浅灰色中-细砂岩为主,其次为粉砂岩和不等粒砂岩。上部较细向下变粗,岩石成分以长石、石英为主。

以岩屑质长石砂岩为主,含少量的长石砂岩和混合砂岩。不稳定矿物

组分较高,石英含量较低。

该套储层岩性较细以中-细砂岩为主,其储层层理构造,在较粗的岩性段中层理构造有块状、小型槽状层理、斜层理,砂岩中常见冲刷面及底砾爬升层理,偶见粒度递变层理。在较细的岩性段中,常见水平层理、季节纹层、波状层理及搅混构造,含介形虫类和植物化石。

5)储层厚度、产状与分布规律。欢北杜家台油层储层沉积厚度受沉积条件所控制,沿齐欢潜山的沟槽部位砂层沉积较厚,潜山顶部地区及高部位砂层沉积较薄。平面上,该区中间部位砂层发育,一般在 $60\sim80m$。从断块上看,西南部比东北部发育,特别是齐 9 块、欢 50 块、欢 26 块及新欢 27 块,处于扇三角洲分流河道和砂坝体发育的有利部位,平均单井砂岩厚度均大于 $80m$,最厚为齐 9 块,平均单井砂层厚度 $102.4m$。

6)储层孔隙结构类型和特征。根据对欢北杜家台油层成岩作用及孔隙演化研究,该套储层孔隙类型复杂多样,以次生孔隙为主。主要类型有溶解作用产生的粒间溶孔、粒内溶孔、铸模孔,破裂作用产生的裂缝、收缩缝。此外,还有少部分残留原生孔隙。

(2)开发特性。欢北杜家台油井初期都具有一定产能,但递减快、生产压差大、采油指数低。初期投产的 82 口油井,有自喷能力的井 44 口,占 54%,自喷期 19 天~27 个月,最长 5.5 年(欢 2-15-9 井)。一般 3~7 月。自喷井初期平均日产油 31 吨,抽油井初期平均日产油 8~20 吨。又据欢北杜家台 10 口有测压资料的油井统计,初期生产压差平均 $4.9MPa$,最高达到 $18.1MPa$。采油指数一般为 $1\sim14t/d$. MPa,最高 $20.2t/d$,MPa。但是受注采井网不完善,以及储层非均性等影响,使得该区域的注水效果较差。其层间矛盾较为突出。

2. 中深层中高黏低渗油藏地质、开发特性

辽河油区属于该类油藏的牛心坨油田牛心坨油层(藏),构造上位于辽河断陷西部凹陷北部,牛心坨断裂背斜构造带南端。

(1)地质特性。

1)地层层序。牛心坨油田揭露的地层层序从下至上分别为太古界潜山、中生界红层、下第三系沙河街组四段上部牛心坨、高升、杜家台、沙河街组三段、馆陶组。沙河街组一、二段及东营组地层在本区剥蚀缺失。

2)构造。该油田构造特征上为一近南北向的断鼻构造。发育北东向和北西向断层,分别向西向南阶梯状下掉。油藏呈断鼻构造,顶面埋深 $1500\sim2200m$。构造的高点在北部的坨 39-35 井附近,向南倾没。构造较陡,地层倾角 20°～30°,构造面积约 10.5km²,闭合度 1000m 左右。地层倾角 20°～30°。

3)沉积环境和相带。牛心坨油层是在第三纪沙四时期总的湖盆下降背景上发育的一套近物源短河流超覆沉积的洪积扇叠覆砂体,后期洪积扇入湖转为扇三角沉积。深部油层主要分布在洪积扇沉积的扇根、扇中、扇缘—湖相三个亚相。砂体在平面上呈北东-南西向条带状,东西薄,中部厚。

4)储层物性与隔层特征。牛心坨油层具有孔隙、裂缝双重介质特点,裂缝的存在一定程度上改善了流体渗流能力。其裂缝一种为宏观裂缝,如构造缝,开度 0.05～1.0mm,平行岩心轴线或与岩心成 60°角斜交,这种裂缝的发育主要受后期构造运动影响,靠近西界断层附近裂缝发育,向东逐渐减少。另一种裂缝为微构造和超微裂缝,这些裂缝只能在显微镜下才能见到,多数为颗粒缝,解理缝,形态不一,纵横交错,呈网状、枝状、阶梯状。

本区隔层主要为泥岩及含砂砾泥岩,主槽辫流线层间泥岩隔层呈透镜状或薄层状夹杂其间,隔层厚 1～5m,隔层层数 2～3 层(坨 5 井)。槽滩、辫流砂岛、河道侧缘泥岩隔层层数稍多,为 3～5 层,厚度小于 1～10m 不等。

5)流体物性。牛心坨油层原油性质较差,具有高凝油和稠油共同特点。

(2)开发特性。牛心坨油层因地饱压差较大(15.37MPa),弹性采收率达 3.64%,而原油物性较差,溶解气采收率只有 4.3%。该油层上无气顶下无底水,三面被断层遮挡,仅南部有边水且不活跃,所以天然能量不充足。天然能量开采两年地层压力下降 6.47MPa。该区域裂缝较为发育,在注水井初期注水量高,油井见效快、但易水淹。受非均质性的影响,在注采系统较完善地区,油井多向受效,见效快、产量上升幅度大;在井网不完善的区域,储量动用程度则较差。

3. 中深层高凝低渗油藏地质特性

沈 95 块是典型的高凝低渗类油藏。沈 95 块位于大民屯凹陷静安堡构造带的东北端。北面是三台子洼陷,西南与静安堡构造带的沈 91 块相接,东南与边台-法哈牛构造带相连,西为安福屯洼陷。该油田为一断裂背斜构造,区域地层主要向西北倾斜,构造面积 16.9km²。

沈 95 块 S34 油层原油为高凝原油,高含蜡量、高凝固点、高初馏点;原油密度为 0.8693～0.8648g/cm³,原油黏度(100℃)5.8～7.2mPa·s,凝固点 54℃,含蜡量为 37～39%,沥青＋胶质 12.22%～5.62%,初馏点 127℃～132℃。

二、低渗透油田的改善开发策略

(一)中深中厚层的低黏低渗油藏改善开发

欢北杜家台油田是该类型低渗透油田的一个典型,由于小层多、合层开采和注水(合采合注)、层间矛盾、大段压裂等在中厚层低渗透油藏中较普遍存在,所以针对欢北杜家台油田改善开发效果的对策和方法在这类油藏中具有较广泛适用性,可以推广应用。

1.老井的换层补孔

欢北杜家台油田经过不断开发,已集聚了大量宝贵的地质静态和生产动态资料,为准确分析储层分布及特征,确定剩余油分布奠定了较坚实的数据基础,加上长期开发积累的低阻油层、中渗薄层辩识经验,使老井中一些以往未动用的可疑油层、油水同层陆续得以动用,且该项作业投资少见效快,是今后一两年内提高储量动用程度,改善开发效果的潜力和工作方向之一。

2.完善注采系统

当前,国内外对低渗油藏的开发主要是采用注水保持压力开采。为了改善开发效果需要对注采系统进行整体调整,使注采井数比达到 1∶2 左右。在注采系统调整时,必须重点考虑沉积微向、区域构造应力场等因素。本区沉积相主要是由北向南层布,注水井应尽量平行于沉积相带分布并部署在相带主体部位。本区应力场分布主要为 NE 或 NNE 方向。应力场所造成的张性裂缝发育对油水运动的影响也是一个不可忽视的重要因素。

注采关系应垂直裂缝方向,才能较好地提高驱油效率,否则将出现油井过早水淹而降低驱油效果。此外,在完善注采系统的同时,必须分析研究储层砂体的大小、空间分布状态,力求大多数砂体处于注采井控制之内。也就是注采系统要完善到大多数油砂体上,减少在单砂体上出现有采无注、有注无采的现象,最大限度地减少储量损失,提高水驱控制程度。

注水中,一方面实施高压注水和周期注水提高注水压差,增加吸水层数,改善吸水剖面;另一方面尽快加强水质改造,在加防膨剂的基础上进行水质改性试验,减少腐蚀和粘垢,进一步改善注入水质状况,提高油层吸水能力。欢北块自投注以来主要采用污水回注方式,注入水质基本等同于其他中高渗油藏,致使一些注水井采取酸化或高压注水后初期好的效果不能持久,随着累积注入量的增加,日注水平下降,因此要改变欢北水驱开发效果,需要抓好水质处理问题。

3. 提高油层改造工艺水平

在注采系统调整完善的条件下,油层改造技术必须适应油田开发的需要,按照优化压裂参数施工,做到分层压裂均匀开采。同时对注水井进行酸化处理及采用高压注水等措施,提高油层吸水量,全部恢复地层压力。

欢北注水井增注措施初期效果比较明显,如高压注水,一般在常规注水的基础上,注水压力提高40%以上,单井日吸水量可提高80%以上,反映了低渗油藏由于物性差,原油流动要求较高的启动压差,当常规注水压差达不到启动压差时,相对低渗油层就不能参与流动。欢北杜家台油层碳酸盐含量较高,平均为80%,注水井采取酸化措施后,初期效果一般也比较明显。

4. 优化射孔参数,改善渗流条件

射孔是完井中一个极为重要的环节,其质量直接影响油井的生产能力,通过对比孔深、孔径、孔密、相位角、射孔方式等主要参数的优化设计,提高日产油量。

5. 改善分层工艺、动态监测及堵水调剖工作

加强分、隔层工艺和动态监测技术研究,搞好堵水调剖工作。由于欢北杜家台一直是合层开采,小层多,因次更需要加强吸水,产液剖面监测,以便正确分析各小层动态和剩余油分布,优选和改进适应不同出水层位的堵水管检,以提高采收率为目标编制堵水、调剖方案,综合分析,优选堵水井层,伏建化学剂和注入工艺,搞好堵水调剖工作,减小层间,平面差异,改善油田开发效果。

（二）中深层的中高黏低渗油藏改善开发

（1）细分开发层系及死油区再利用。迄今,牛心坨油田基本以一套层系开发,随着开采时间延长,层间矛盾日益突出,保持和提高采油速度、改善开发效果的压力也越来越大,加上地质、开发资料不断积累,细分开发层系也有了地质基础。因此,在小层精细描述、隔层确定、开发效果分析、剩余油研究等基础上进行了开发井网调整和层系细分工作,取得了较好结果。

（2）优化注水方式。依国外同类型油田开发经验,在油田含水50%以上时,改用周期间断注水,通过不稳定的脉冲压力,使储层中基质岩块和裂缝间产生压差,发生流体窜流,同时促进毛管渗吸,增加渗吸深度。在周期性间断注水过程中,岩块和流体的弹性作用也促使原油从基质进入裂缝,从而提高油田采收率。牛心坨油田除采用周期注水,还应进行注采井别调整,通过改变液流方向提高波及系数,改善开发效果。

(3)注采比及水温控制。控制注采比,继续采用温和注水,保证注水效果。由于裂缝渗流能力强、油水流度比小,注采比过大将导致水窜,造成油井过早见水和水淹。牛心坨油田原油性质差,析蜡温度高,地层温度较低,特别是油田东、北部应采取热注方式解决注水井附近原油析蜡问题。

(4)加强油水分布规律分析。加强油水运动规律及剩余油分布规律分析,及时根据油藏动态变化开展分层注水、优化调剖,增大吸水厚度,提高水驱储量动用程度。牛心坨油层由于层间差异大,各砂岩组吸水状况有明显差异,使水驱波及体积系数和采收率受到很大影响,需要根据层系细分要求,结合沉积相和油井动态,以注采井组为单元,加强动态跟踪分析,严格注水水质管理,合理调配、动态调剖,提高水驱储量控制程度。

(5)进行微生物吞吐采油工艺试验。通过微生物产生生物酶的裂解作用、生物代谢产生的气体、活性剂、有机酸等的化学物理作用降低原油黏度、改善原油流动性,提高驱替效率,提高了油井产量。

(三)中深层的高凝低渗油藏改善开发

针对高凝低渗油藏原油物性较特殊,注水井近井地带和采油井井筒中结蜡严重,存在"冷伤害"现象,纵向上油层较发育等特点,建议从进行井网加密调整(小井距试验)、侧钻水平井、分支水平井、重视油层保护、优化生产井压裂改造和注热水等方面做工作,改善开发效果。

(1)选用适应油藏特点的生产方式采油。该块采油方式由水力活塞泵采油转热线及冷抽后,大部分井采液能力大幅度下降,严重影响油田的正常开发生产。由沈95块原油特点出发,应采取适合该块高凝油特点的开采方式采油,既能解决井筒温场问题,又能够加大生产压差,提高地层原油的渗流能力。因此,建议该块在井网较完善的区块逐步恢复水力活塞泵采油,对比一下不同生产方式下的油井出液能力,进一步寻找适合油藏特点的生产方式。

(2)水气替注高凝油开发。选择氮气、二氧化碳、天然气三种气体进行水气交替驱高凝油实验。根据油田开发现状首先水驱到含水率在60%时,再进行气、水交替驱。比较水驱和气水交替驱结果,氮气、天然气和二氧化碳与水交替驱比单独水驱原油采收率提高平均值分别为11.07%、13.74%和27.12%。可以看出,水驱至含水60%后,二氧化碳与不交替驱时提高采收率效果较好。

二氧化碳的液化压力低于氮气和甲烷气,在水中及原油中溶解度都很高,在高压下与原油形成混相。二氧化碳在低压下具有膨胀原油、降低原油黏度、溶解气驱等作用。

目前,静 74 块及静 43-69 块采用 210m 正方形井距开采,注采井网比较完善,可进行"水气替注"现场试验,试验井组建议为静 41-63 井区。实验室模拟表明"水气替注"可有效提高高凝油藏的采收率。沈 95 块目前应立足于提高注水波及体积来改善油田开发效果,"水气替注试验"建议采用二氧化碳比较合理。

(3)小井距可行性分析。应用合理及极限井距分析法,对沈 95 块生产井距进行综合分析。按目前原油价格,用经济产能法、曲线交汇法等计算,沈 95 的主力断块——静 74 块和静 43-69 块合理井距为 155m,由此分析采用 150m 小井距试验是可行的。

(四)中浅薄层的低黏低渗油藏改善开发

(1)搞好压裂改造优化。继续研究压裂改造,试验深穿透水力压裂或燃爆压裂。以压裂为中心开发低渗油田新的开发模式,要点是:30mD 以下油层必须压裂形成 50~100m 的支撑裂缝长度;裂缝填砂量为 30~50t 油田开发设计需要考虑裂缝的方位。

(2)进行液流方向和周期注水研究。周期注水有成效是由于地层低渗透区的石油被驱至高渗透区和这些石油从高含水井中被采出的缘故。增加的采油量与地层厚度、地层非均质程度、压差和注水井至生产井的距离有关。除产量增加外,周期性注水的效果还表现在采出水量下降和注入水量下降。罗马什金油田试验区进行的周期(脉冲)注水工业性试验,要求生产井井底压力低于饱和压力,以便在短时期内于高、低渗透层段间建立较大压差,并有一定停顿时间(注 5~6 天,停 1 天)以加快低渗透层段中的压力恢复和限制注入水向油藏外流失。采用脉冲式作用于地层方法可使含水率下降 20%,产油量提高 16%。

第四章 低渗透油田的地面工程优化

第一节 低渗透油田的油气集输技术

一、集油工艺

为了实现长期的高产稳产,地面工程技术人员积极探索和实践,不断优化、简化集油工艺,形成了适应不同油田特点的集油工艺技术系列,主要有双管掺水流程、单管环状掺水流程、单管电加热流程、拉油流程、提捞采油工艺、不加热集油工艺等。

(一)双管掺水集油流程

1.双管掺水集油流程的工艺原理

双管掺水集油流程从井口至计量间设集油、掺水两条管道。通过掺水管道,将一定温度的热水在井口掺入集油管道中,提高油气混合物的温度,混合温度一般为 50℃～70℃,使流体的流动特性得到改善,从而保证集油所需的热力条件。同时,井口的油气混合物通过集油管道自压集输至计量间。

一般每 11～16 口井建设计量间 1 座,一方面将转油站来的掺水分配至单井,另一方面将单井回液汇合后输至转油站。每座计量间内设计量分离器 1 台,需要计量的油井油气混合物进入计量分离器,进行单井油气计量。

在原油含水率小于 30% 时,为保证足够的掺水量,一般由脱水站供水,在转油站加热升温后,由掺水泵升压输至计量间,经掺水管道输送至各油井井口,再掺入集油管道。当原油含水率大于 30% 时,可以实现在转油站就地放水、回掺。为满足对含蜡高的油井进行定期热洗清蜡的需要,转油站内设固定热洗流程。大庆外围油田一般采用低压热洗的掺水热洗合一流程。

即转油站至计量间设掺水(热洗)、集油两根管道。由于热洗压力和掺水压力相同,一般为 2.5MPa,只是温度不同。因此,转油站至计量站的掺水、热洗管道只建设 1 条,功能合二为一。当热洗时,在转油站将热水升温至 80℃后,经热洗(掺水)管道输至计量间,再经掺水管道分输至需要热洗的油井,热洗水经井口进入井筒清蜡。

2. 双管掺水集油流程的流程特点

(1)采用三级布站模式,集油系统设固定集油、掺水及热洗流程,油井计量、洗井方便;但建设投资高,运行能耗及费用高,平均单井掺水量为 0.8~1.0m^3/h。

(2)井场简单,集中计量管理,易于实现油井集中控制。

(3)油井计量采用计量间设计量分离器的计量方式,计量精度为±10%。

(4)工艺流程对产量变化适应性强。无论是高产井,还是低产井、间歇出油井,或在修井停产作业等情况下,该流程均有较好的适应性。

(5)油田进入中高含水期后,可调整为掺常温水集油或利用掺水管道实现双管出油、常温输送。

3. 双管掺水集油流程的适用范围

双管掺水集油流程具有单井计量准确、洗井方便、便于生产管理的优点。适用于高寒地区高凝点、高含蜡原油的集输,同时满足计量精度要求高、油井固定热洗清蜡的需求。

(二)单管环状掺水集油流程

在 20 世纪 90 年代初期,为了提高外围低产油田开发效益,适应开发规模不断扩大的开发形势,针对双管掺水流程存在的建设投资高、生产运行能耗大、伴生气量不足等问题,研究成功并全面推广应用了单管环状掺水集油工艺。

单管环状掺水集油工艺是在双管掺水集油流程基础上进一步优化、简化而成,其简化了集油、计量、热洗工艺,降低了单井掺水量,提高了油田开发效益。在应用过程中,随着生产经验的丰富及油田地面优化、简化力度的加大,进行了逐步完善,从集输温度、井口回压、集油环管井数、平均单井掺水量、集油半径等多个方面进行了不断摸索、创新。通过理论与实践的充分结合,形成了目前技术成熟、应用广泛的单管环状掺水集油工艺。

1.单管环状掺水集油流程的工艺原理

单管环状掺水集油流程以集油阀组间为单元，采用一条管道串联多井的方式形成集油环，每个集油环串联 3～5 口油井，一般 3 口井以上的丛式井组不宜超过两组，每个阀组间辖 5～10 个集油环。在转油站将分离出的含油污水升温到 70℃后，用掺水泵升压输送到其所辖的各个集油阀组间，继而通过集油阀组间掺水阀组将水量分配到各个集油环，每个环中的热水与油井产液混合升温后一起输至集油阀组间，然后自压至转油站。

2.单管环状掺水集油流程的流程特点

（1）与双管掺水流程相比，单管环状掺水集油流程的集油工艺简化，由三级布站改为二级半布站；双管改为单管多井串接，集油、掺水管道数量大幅度减少；取消计量站，改为集油阀组间，基建投资降低 16% 左右。平均单井掺水量较双管流程降低 40%～50%，掺水耗电及耗气量明显下降，节约运行能耗 18%。

（2）与大庆油田早期相比，集油参数进一步优化：油井最高设计回压由原来的 1.0MPa 调整为 1.5MPa；含水油进转油站温度由原来的高于凝点 3℃～5℃ 调整为低于凝点 3℃。集油参数的改进进一步降低了单井掺水量、缩小了管径，使得该种集油工艺的建设投资及运行费用均有所降低。

（3）油井以井口加药、井下加电磁防蜡器的化学清防蜡或机械清防蜡措施为主，结合活动式热洗车热洗清蜡，取消站内的固定热洗设施，转油站设计中不再考虑洗井加热及泵输负荷，达到节能降耗和降低投资的目的。如敖包塔油田的 100 口油井，采用化学清蜡年可节电 $9 \times 10^4 kW \cdot h$。

（4）油井计量采用功图法或液面恢复法，取消了传统的计量站单井计量方式，简化了计量工艺，计量精度为 ±（10%～15%）。

（5）单管环状掺水集油流程能量消耗仍以伴生气为主，对于气油比低、供气不足的油田，可以采用外站供气或燃料油作为燃料补充。

3.单管环状掺水集油流程的适用范围

单管环状掺水集油流程适用于低产、低渗透、低丰度油田，尤其是地处高寒、有一定伴生气资源、高凝点、高含蜡油田的原油集输。

（三）单管电加热集油流程

"单管电加热集油工艺是一种适合外围低产液、低油气比油田特点的新式集油流程。其特点是对井口采出液直接加热，加热温度可根据集油工艺的需要确定。"①这种集油工艺虽然增加了井口和集油干线的电加热保温设施,但是缩小了集油管径,降低了集输处理规模,减少了站内设备,简化了站内工艺。与环状掺水流程相比,不需要掺热水来保证集输所需温度,因此平均每口井节省基建投资 8 万～11 万元,但电加热工艺维修费用较高。

1. 单管电加热集油流程的工艺原理

电加热集油工艺从加热方式上可以分为三种:一是在井口利用电加热器升温油井产液,利用保温钢管输送的点升温方式;二是在集输管线前段利用高功率电热管升温油井产液,后段利用低功率电热管进行保温,即线升温、线保温方式;三是在井口利用电加热器升温油井产液,再利用电热管进行保温,即点升温、线保温方式。

(1)点升温方式。单点升温方式是在每口油井井口设电加热器,将油井气液混合物升至足够的温度后,多井树枝状串接输送进转油站。考虑到单井产量、含水率、输送距离及原油凝点等因素,为保证末端进站温度要求,该流程井口上升的温度较高,一般为 50℃～65℃,井口电加热器的功率较大。由于起点温度与环境温度之间的温差大,导致散热量大,运行能耗较高。

主要设备:井口电加热器、普通防腐保温钢管等。

(2)线升温、线保温方式。线升温、线保温的电加热集油方式,井口升温设备为高功率电加热升温管(一般为 12m),即每口油井或每座丛式井平台集油管道井口端为升温段,用于给管道内低温介质迅速升温,降低管道摩阻。其余管道为保温段,用于维持管道沿线散热损失,保证管内介质平稳流动,并保温输至转油站,电热保温管道由温控系统全程控制。

主要设备:电加热升温管道、电加热保温管道及温控装置。

(3)点升温、线保温方式。点升温、线保温方式是在每口油井井场或每座丛式井平台井场设置电加热器,将油井气液混合物由井口出油温度加热升至可集输温度,井与井之间由电加热管道串联,将气液混合物保温输至转油站,电加热器及电热保温管道均由温控系统全程控制。

主要设备:井口电加热器、电加热保温管道及温控装置等。

(4)三种电加热集油方式能耗对比。以上三种方式虽然都能达到集输温度的要求,但所耗电能有所不同。下面以大庆外围油田同一口油井为例,计算三种电加热集油工艺能量消耗情况。

假定油井产油 2t/d,产液 2.5t/d,综合含水率 20%,气油比 32m³/t,凝

---

① 刘学.低渗透油田油气集输及脱水技术[J].油气田地面工程,2003(09):30.

点 30℃,原油黏度 30mPa·s;管径 ϕ 48mm×3mm,井口出油温度 10℃,进站温度为凝点,输送距离 300m。

1)点升温、线运行方式。在假定条件下,井口电加热器加热温度为100℃(但实际生产不能实现,故此种条件仅作为比较参考),井口电加热负荷为 5.0kW,按电加热器效率为 85% 计算,日耗电量为 141.2kW·h。

2)线升温、线保温方式。在假定条件下,井口段电加热升温负荷为 1.7kW,保温管电加热负荷为 4kW,按电加热器效率为 85% 计算,合计日耗电量为 143.8kW·h。

3)点升温、线保温方式。在假定条件下,井口电加热负荷为 1.1kW,保温管热负荷为 4.1kW,按电加热器效率为 85% 计算,日耗电量为 130.0kW·h。

由理论计算可知,第一种方式与第二种方式耗电量相当,第三种方式耗电量最低。经过多年反复的生产实践摸索,第三种"高效点升温、低耗线保温"简化创新工艺已成为大庆外围油田应用数量最多的电加热集油工艺。

2. 单管电加热集油流程的流程特点

(1)简化了转油站工艺流程,取消了掺水炉、掺水泵及相关掺水加热工艺,缩小了油气处理规模。

(2)站外采用一条电加热主线带多井、单管集油方式,简化了布局,减少了集油阀组间建设数量,减少了分散管理点。

(3)集油系统温度场稳定,原油流动性好,可以将集油半径扩大到7~8km。

(4)集油管网中设有温控装置,可根据设定温度自动调节电量供给。

(5)电加热保温管具有全线加热功能,可实现管道长时间停运后的自动解堵。

(6)由于一条主线带井数较多,若中间某处管线出现故障,则影响面积较大。

(7)电加热保温管道接头多,每两根相接处有 4 个接头,其中 3 个为电缆接头,1 个为碳纤维接头,施工难度大,故障率高。

(8)对电加热保温管电缆连接的密封性要求高,防水防腐措施要求严密,否则遇有低洼、潮湿、积水时极易发生短路断电问题。

(9)电加热保温管的电缆、加热电线在钢管外侧,在施工过程中容易受到挤压、碰撞,造成断点,因此,对施工质量要求较高。

3. 单管电加热集油流程的技术参数

(1)端点井回压小于 1.5MPa。

(2)转油站进站压力 0.15～0.20MPa。

(3)井口电加热器出口温度低于原油凝点 3℃。

(4)电加热保温管道运行温度低于原油凝点 3℃。

(5)转油站进站温度低于原油凝点 3℃。

4. 单管电加热集油流程的适用范围

单管电加热集油流程主要消耗电能,适用于低产、低渗透、低丰度、区块独立、依托条件差、伴生气量不足、周边没有外供气源的油气集输。但在近几年的生产运行中也发现,该集油工艺故障率较高,主要包括电加热器故障、电加热管道故障和温控装置故障。

(四)拉油流程

对于零散区块的低渗透油田,由于远离老区,单井产量较低,油田无供电设施,开发面积小,无法形成外输能力,只能采用单井或集中装车拉运外输的集油方式。

1. 拉油流程的工艺原理

根据拉油方式不同,拉油分为单井拉油和集中拉油两种形式:

(1)对于分布零散的油井,一般采用单井拉油方式,井口设高架油罐或多功能储罐。大庆外围油田大多采用多功能储罐的储存方式。油井产出的气液混合物自压进入多功能储罐(高架罐),在罐内进行计量、油气分离、加热、储存。分离出的油田伴生气作为燃料,对罐内含水油进行加热,满足集输拉运所需温度要求,供热不足部分可用电加热器补充。密闭储罐靠自压装车,高架罐靠位差压力装车,装车后拉运到卸油点。

(2)对于油井分布相对集中的偏远、低产、孤立的小断块油田,采用集中拉油方式,即在井区的中心位置集中设置多功能储罐或高架罐。油井经集油管道进入集油站的进站阀组,自压进入高架罐或多功能储罐后装车外运。

根据油井产液量、道路情况和拉运距离确定储罐容积,储存时间宜为 2～7 天。

对于高寒地区、高凝点原油,要视原油物性、井口出油温度、井口集输距离等因素,决定是否需要在井场设置加热设施。

2. 拉油流程的流程特点

(1)工艺简单、灵活,多功能集油罐可搬迁重复利用,但管理分散,且拉油工艺对道路标准要求较高。

（2）多功能拉油储罐以油井伴生气作为加热燃料，可充分利用井口伴生气资源，减少能源浪费。

（3）与单管环状掺水流程相比，其地面设施少，建设投资低，可降低一次性投资 50％，但拉油运行费用较高，并且该工艺为开式流程，油气损耗大，运输过程中也容易对环境造成污染。

3. 拉油流程的适用范围

对于距离已建油气集输系统较远、规模较小的分散断块，可采用拉油流程。其中，单井拉油流程适用于远离已开发油田的低产零散井；集中拉油流程适用于孤立、低产断块区。

（五）提捞采油工艺

为了降低油田的生产成本，开辟有效开发的新途径，从 1996 年起推广了提捞采油工艺。目前，在捞油工艺、捞油设备、测试诊断和提捞采油操作管理等方面已基本形成了配套技术。

1. 提捞采油工艺的工艺原理

提捞采油工艺采用抽汲原理，将胶囊式抽油泵（俗称抽子）投入油管，抽油泵由钢丝绳拖动，使之下到液面下某一深度，然后上提，可将抽油泵上面的油抽出汇集到油罐车中，然后拉到卸油站。在井内，由于密度差异，原油总在上部，抽油效率较高。为了防止套管内积油，可以安装封隔器；同时，为了减少抽油泵的抽汲压力，封隔器应具有自下而上的单向流能力。

（1）提捞车：提捞车主要采用 T815 或五岳车为底盘，采用液压或机械驱动方式驱动滚动筒旋转，实现钢丝绳的起下。对于斜直井的捞油机，以平台轨道替代汽车底盘，采用电力驱动方式。

（2）快速卸油罐车：普遍使用自行研制的东风罐车，罐体外加保温层和铁皮保护层，罐底设有强制卸油机构（绞龙），并有蒸汽盘管，以便在发生冷凝时进行加热处理，罐容 $5 \sim 15 m^3$，卸油耗时 $15 \sim 30 min$。

（3）卸油点：有活动式和固定式两种形式。

（4）提捞泵：提捞泵有两种，一种为套管提捞泵，另一种为油管提捞泵。套管提捞泵可以用于直径为 $5\frac{1}{2}$ in 或 $4\frac{1}{2}$ in 的直井、斜直井；油管提捞泵可以应用在 $2\frac{1}{2}$ in 油管上。提捞泵由打捞头、灌铅联绳器、防打扭装置、过载销钉、密封胶筒等组成,具有防脱、过载保护等功能。主要易损件为捞油胶筒,其使用寿命约为 20 次。

2. 提捞采油工艺的抽油机具

针对低产井中干抽井现象严重,造成能源浪费、能耗高的问题,研发应用了智能提捞式抽油机,现场试验效果良好。

智能提捞式抽油机抽油时电动机反转,抽子带着钢丝下行;当抽子到达液面时,重力传感器感应到重力变化,深度传感器感应出液面高度,此时抽子继续下行至设置的距离,当抽子到达设置距离时,电动机正转,抽子上行抽油;当抽子抽油上行至所设定的深度时,电路控制箱内的控制系统指挥电动机停止转动,制动器制动,使钢丝不再继续上行;根据液面恢复速度确定设置抽子停止时间;等液面恢复到一定高度后,电路控制箱内的控制系统指挥开启制动器,同时使电动机反转,抽子带动钢丝向下运动,当抽子到达液面时继续下行到设置距离,电动机正转抽子上行抽油;根据每次测得的液面深度的变化,电路控制箱内的控制系统自动增加或减少活塞停止时间,从而提高抽油效率。

抽子下行到设置距离要上行时,重力传感器所感应到的重力就是此次抽油的产量,重力传感器将感应到的信号传给电路控制箱内的存储系统,电路控制箱内的存储系统存储每次抽油的产量,从而可得到每天此井的产量及此井每天的平均液面深度。为了保证抽油装置安全,当深度不准时,在抽子上行过程中,一旦限位环接触到深度校正传感器,深度校正传感器就通过信号传输线把信号传输给电路控制箱内的控制系统指示电动机停止转动,钢丝不再上行,从而达到保护电动机的目的。

电动机具有负荷保护功能,当负荷大于设定负荷值时,电动机自动停止转动。根据油田具体情况,抽子可在套管内直接抽油,不用下油管、筛管和带孔丝堵;同时也可以不安装数据发射器与防盗报警装置。

3. 提捞采油工艺的工艺特点

(1)工艺简单,工程量少,节省投资和作业施工费用。相同条件下,与抽油机采油方式相比,提捞采油工程投资可节省 14.8%,降低操作成本 29.8%。对低产低渗透开发新区和开发后期的老区低产井,提捞采油是提高经济效益的有效措施。

(2)提捞采油具有一定的"负压解堵"作用,使油井解堵并增产。如朝阳沟油田的 15 口低效老井改为提捞采油生产后,增产了 10.2%。

4.提捞采油工艺的适用范围

近年来,提捞采油工艺在大庆外围油田得到较为广泛的应用,获得了较好的经济效益,提捞采油特别适用于独立偏远区块(诸如新开发无供电条件的区域或距已建系统较远)以及产量小于 1.5t/d 的低产低效井、探井、停产井等。

(六)不加热集油工艺

为了降低投资、节能降耗,针对含水率高于 80% 的部分低产油井试验应用了不加热集油工艺。

1.不加热集油工艺的工艺原理

外围油田高含水井的不加热集油工艺,根据单井连接方式不同分为两种:一是单管多井串联冷输集油工艺,即单井集油不掺水,3～5 口油井采用串联连接;二是单管多井树状不加热集油工艺,即单井集油不掺水,3～5 口油井采用树状挂接。每个集油阀组间辖多个冷输串/枝,阀组间集油管道少量掺水,以保障阀组间至转油站集油管道的正常运行。单井管道深埋不保温,站间管道浅埋保温。

2.不加热集油工艺的工艺特点

(1)不加热集油工艺对油井采出液含水率要求较高,对于外围油田而言,主要应用于进入中高含水期区块的集油系统改造。端点井产液一般不低于 12t/d,综合含水率在 80% 以上;井口回压不大于 1.5MPa;每个冷输集油串/枝辖井数不宜超过 5 口;单井管道埋深 2.0m,不保温;站间管道埋深 1.2m,保温。

(2)采用单管不加热集油工艺大幅度简化了集油工艺,与采用外围油田常用的单管环状掺水集油工艺相比,降低地面建设投资 10%,降低运行费用 50%。

(3)集油管道要求内壁光滑。集油管道主要应用了普通钢管、连续增强塑料复合管、内涂熔结环氧粉末钢管、玻璃内衬钢管 4 种管材。从运行效果来看,对井口回压升高的抑制效果从强到弱依次是玻璃内衬钢管、内涂熔结环氧粉末钢管、普通钢管、连续增强塑料复合管。

二、计量与防蜡技术

(一)计量技术

常用的计量技术有示功图软件量油、液面恢复法、温差法计量车载式油井计量法和远程监控液量在线计量及分析优化系统等技术。

1. 示功图量油技术

(1)示功图量油技术的技术原理。抽油机井功图量油技术是把油井有杆泵抽油系统视为一个复杂的振动系统(包含抽油杆、油管和井液三个振动子系统),在一定的边界条件(如三个振动子系统的连接条件)和一定的初始条件(如周期条件)下,对外部激励(地面功图)产生响应(泵功图)。通过建立油井有杆泵抽油系统的力学、数学模型,计算出给定系统在不同井口示功图激励下的泵功图响应,然后对此泵功图进行定量分析,确定泵的有效冲程,进而折算出有效排量。

从理论上讲,功图可表示抽油泵每次抽油的产量。深井泵的示功图直接反映泵的工作情况和泵内液体的充满程度。仪器采集每个冲程的示功图数据,根据其数据变化分析每个冲程泵内液体的充满程度,把泵筒作为计量容器,计算出每个冲程的抽汲量(有效冲程),然后通过计算得出单井的产液量。即:

$$Q = \frac{1440\pi}{4}R^2 S_0 T \rho \tag{4-1}$$

式中:Q ——油井产液量,t/d;

R ——泵筒内径,m;

S_0 ——有效冲程,m;

T ——冲次,次/min;

ρ ——混合液密度,t/m³。

(2)示功图量油技术的适用范围。便携式示功图量油适用于单管环状流程的所有抽油机井,不仅包括常规直井,还包括斜井、出砂井、高含气井、稠油井等复杂井况井。

2. 液面恢复法量油

(1)液面恢复法量油的技术原理。对于在正常生产情况下的抽油机井,一般来说,低产油井动液面较深,油井处于产液、供液平衡状态,即地层进入井筒油量等于举升系统的排除量,此时油井的动液面在一段时间内保持稳定。根据有关测井理论,油井关井后液面上升,上升速度随着关井时间延长逐渐变缓。测量时,仪器通过一定时间间隔测出三个液面深度,由三个液面深度变化计算出液面恢复速度,然后通过计算得出相应的产液量。即:

$$Q = \frac{1440\pi}{4}(D^2 - d^2)v\rho \tag{4-2}$$

式中：Q ——油井产液量，t/d；

D ——套管内径，m；

d ——油管外径，m；

v ——液面恢复速度，m/min；

ρ ——混合液密度，$1/m^3$。

(2)液面恢复法量油的适用范围。液面恢复法量油一般适用于液面不低于 200m 的油井。

3. 温差式计量装置

(1)温差式计量装置的技术原理。温差法计量装置(也称热式流量计)采用电加热被测流体，通过测量流体被加热前后的温升值 ΔT 来测量流体流量。该装置由加热器、温度传感器、预处理电路等组成。

当采用恒功率加热被测流体时，被测流体的温升值为：

$$\Delta T = \frac{P\eta'}{CQ} \tag{4-3}$$

式中：P ——流体获得的加热功率；

η' ——电能转为流体热能的效率，%；

C ——流体的体积热容量；

Q ——流体的体积流量。

由上式可得出被测流体的流量：

$$Q = \frac{P\eta'}{C\Delta T} \tag{4-4}$$

对于井口采出流体中所含的少量气体，由于其体积热容量很小，对测量结果影响不大，测量过程中可以不用气液分离，通过温差法直接测出井口的液体产量。

(2)温差式计量装置的适用范围。温差法计量过程不受油井机械采油方式的影响，适用于外围油田各种产量相对平稳的低产少气井。

4. 车载式油井计量装置

(1)车载式油井计量装置的技术原理。车载式油井计量装置采用两相分离计量技术，并在分离器的入口处增加了气液预分离管道，以增强消能和预分离效果，提高装置气液处理能力。其液产量由分离器量桶计量，通过蓄液过程中的上液时间和积液高度来计算，气产量由旋进旋涡流量计计量，测量数据上传给计算机计算单井气、液日产量。

(2)车载式油井计量装置的技术参数：气流量(工况)$1\sim15m^3/h$，液流量$0\sim2m^3/h$，设计压力 1.6MPa，操作温度 15℃～40℃，气液两相计量误差：±10%。

(3)车载式油井计量装置的结构组成。车载式油井计量装置主要由两相立式计量分离器、差压式液位计、压力变送器、温度变送器、旋进旋涡流量计、电动三通球阀、排液泵、电保温软管、快速接头和控制系统组成。控制系统包括有 PLC 可编程控制器和笔记本电脑。其中 PLC 可编程控制器负责计量过程的自动控制与保护，实现低液位积液排气，计量气、液产量，高液位积气蓄压，排空分离器内液体的计量循环。笔记本电脑用于人机交互，读取计量过程中的各种数据。另外，分离器上还设有高液位变送器和压力传感器，用于分离器高液位报警和超压报警。

(4)车载式油井计量装置的适用范围。车载式油井计量装置采用电加热高压橡胶软管配快速接头连接方式，具有一定保温加热能力，可用于环境温度较低的野外操作，适用于油田中低产油井的产量计量。

5.远程监控液量在线计量及分析优化系统

(1)远程监控液量在线计量及分析优化系统的技术原理。远程监控液量在线计量及分析优化系统是采油工程技术、通信技术和计算机技术相结合的系统。近年来，结合中国石油油气生产物联网的建设，在外围油田开始试验应用。该系统具有油水井自动监测和控制、实时示功图、压力、转速、电参数等数据采集、油水井液量计量、油井工况诊断、系统效率优化设计等功能。通过安装在抽油机井上的无线采集传感器，将采集数据无线传输到油井 RTU 上，通过无线通信方式将其传送到数据处理点(中心监控室)。数据处理点对采集点传送的数据，通过单井工况监测、液量自动计量及分析优化软件分析，实时实现生产井液量查询、工况诊断及油井优化设计。

(2)远程监控液量在线计量及分析优化系统的结构组成。油井远程在线计量及优化分析系统由硬件和软件两部分组成，主要由工况监控、计量及分析优化、网络浏览、远程视频监测 4 个系统组成。1 口油井安装 1 台 RTU 和多个传感器，每个传感器均与油井 RTU 相连接，对油井数据进行采集，并反馈给上位监控主机。主机根据传回的油井现场测试数据分析出油井生产的基本数据。

(3)远程监控液量在线计量及分析优化系统的适用范围。远程监控液量在线计量及分析优化系统适用于自喷井、电潜泵井、螺杆泵井、游梁式抽油机有杆泵井的产液量计算分析数学模型和软件,对油井的现场数据进行在线处理,计算各类油井的单井产液量,进入生产报表系统。

(二)清蜡、防蜡技术

1.活动蒸汽热洗车清蜡技术

(1)活动蒸汽热洗车清蜡技术的技术原理。蒸汽洗井是清除油井结蜡的方法之一,其清蜡机理是:将锅炉车加热的高温水蒸气不断地从井口注入油管、套管环形空间,自上往下蒸汽的热量逐渐传递给油管,从而使井筒内的结蜡逐步熔化;利用抽油泵的正常工作,使熔化了的蜡随着油流带出井筒,从而达到油井清蜡和恢复产能的目的。

(2)活动蒸汽热洗车清蜡技术的结构组成。洗井车由洗井泵、变速箱、传动箱、加热炉、风机、液压泵、强磁除垢仪、计量仪表等部件及管汇,构成机械主、副传动系统,液压传动系统,燃油供给系统,电气操作系统,电点火系统,供风系统,排出管系及入井管系等专用装置。

(3)活动蒸汽热洗车清蜡技术的技术参数:最高压力 35～40MPa,最高排量 50m³/h,最高蒸汽温度 200℃。

2.固体防蜡技术

固体防蜡剂是一种形态为固体,能起到防蜡作用的防蜡剂。主要由高分子聚合物及表面活性剂固化而成,是一种高分子型防蜡剂,它是在高温高压和氧引发下聚合而成的,具有支链型结构,易于在油中分散并形成网状结构。由于高分子聚合物 PE 和石蜡链节相同,并且在浓度很小时,就能形成遍及整个原油的网络结构,所以石蜡易在其网络结构上析出,并彼此分离,不相互聚集长大,也不易在油管、套管内壁表面沉积,而很易被油流带出地面。固体防蜡管随检泵作业安装在抽油泵和防砂筛管之间,油流通过时溶解其中的固体防蜡剂,通过共晶吸附作用干扰蜡晶聚集,防止蜡晶直接沉淀在杆、管壁上,达到防蜡目的。

3.电磁防蜡技术

(1)电磁防蜡技术的技术原理。电磁防蜡器由电源部分和电磁转换部分组成。交流电由电源部分变换为可控的直流电,变换后的直流电供给电磁转换部分,电磁转换部分将电能变换成不断变化的磁场能,磁场沿管壁方向作用于原油,可改变原油的分子排列结构,使杂乱的分子团变成极化的稳定分子链,降低其脱离溶液而析出的能力。通过极化而产生的作用可在两个方向向无限远处传递。在油井地面井口装上该稳流系统时，油流极化会在来自油井的原油中反向传递，使管道中的分子排序在整个管道长度方向上形成分子链，使石蜡分子留在溶液中，使得前后分子的排列发生改变，从而防止其从溶液中析出、堆积在油管的内表面，降低其脱离溶液而附着在油管内壁的能力，使石蜡分子悬浮在原油中不易结晶析出，从而达到防蜡的目的。

（2）电磁防蜡技术的结构组成。电磁防蜡的电源部分主要由单片机控制、电源变换、过流保护、温度保护等电路组成。使用 AC220V 50Hz 或 AC380V 50Hz 电源，因电源为单相（AC220V 或 AC380V）可以很方便地从抽油机井配电；电磁转换部分主要由电磁转换主体和机械连接等部分组成，实现电能到电磁能的变换和监测。

（3）电磁防蜡技术的技术参数：主通径 50mm，额定压力 1.6MPa，长度 700mm，额定电压 AC220V 50Hz，有功功率 2～300W，工作环境温度−35℃～50℃，管线作用距离不小于 2km。

（4）电磁防蜡技术的适用范围。电磁防蜡器主要适用于三种井：一是伴生气量大、加药困难井；二是路途偏远、通井路况差、在雨季难以进车加药或热洗的井；三是载荷比 2.0 以上、最大载荷 50kN 以上的抽油机井。

三、油气集输的主要设备及装置

（一）井口电加热器

井口电加热器为油井产液提供初始输送温度，以电能为能源，最终转化为热能，再通过介质传输的方式将热量传递给油井产液。井口电加热器加热温度可调可控，使加热温度始终保持在安全范围内。

根据加热方式不同，井口加热器可分为真空相变热超导高效电加热器、电磁感应电加热器和电阻式电加热器三种类型。

1. 真空相变热超导高效电加热器

热超导井口电加热器和管道电加热器装置的核心技术之一是利用传统的热管技术，加入特种无机工质，按特定的工艺制作成热超导热管，其传热原理相对于传统的热管，除了具备普通热管的传热原理外，固体工质在热端吸收热量，然后依靠分子的高速振荡把热量传到冷端。该种热超导热管具有内压低、传热强度高（传热效率为 95% 以上）、耐高温、寿命长、安全可靠的特点。

2. 电磁感应电加热器

电磁感应电加热器利用电磁感应的原理将电能转变成热能。交流电能入线圈时,感应线圈便产生变磁通,使置于感应线圈中的铁管受到电磁感应而产生感应电势,感应电势在铁管中产生电流,使铁管开始加热,进而作用于管内的介质,使管内介质达到所需要的温度。

感应电加热器功率选择:

$$A = KCQT \tag{4-5}$$

式中:A ——电加热器功率,kW;

K ——电磁转换系数,一般取 0.64;

C ——导热系数,水为 1,油为 0.457;

Q ——介质流量;

T ——温度差。

3. 电阻式电加热器

电阻式电加热器按结构可分为立式、卧式和管束式三种,加热介质为液体。加热介质进入加热器后,在布有电加热棒的环形空间内流动,吸收电加热棒放出的热量,温度升高后流出加热器。

(二)电加热防腐保温管

1. 碳纤维电加热保温管

碳纤维电加热保温管简称电热管,由输送钢管、加热层和保温层三部分组成,基本结构是在钢管外壁包覆耐高温绝缘层后,均匀缠绕碳纤维电热线,再以硬质聚氨酯泡沫及聚乙烯黄夹克作为保温层。每根管(10～14m)为一发热单元,由接线盒将若干个发热单元串联构成了电热保温集输管线。根据用途不同,电热管分为升温型和维温型两种。电加热升温管道为一根高功率的电加热管,可代替井口电加热器,功率根据油井升温需要设计;电加热维温管道功率较低,用于弥补管道沿线散热损失,保证管内介质在基本恒定的温度下平稳流动。

2. 电热带保温管

电热带以金属电阻丝或专用碳纤维等发热体串联或并联,与电源线、绝缘材料结合一体而成。电热带保温管由钢管、加热层和保温层三部分组成。沿钢管外壁铺设电热带作为电热元件,与钢管外壁之间放置导热膜,外层包裹聚氨酯泡沫保温层和聚乙烯黄夹克。

电加热带保温管道分为串联型恒功率电热带和并联型自限温电热带两种：

（1）串联型恒功率电热带。串联型恒功率电热带工作电压为380V，单根长度可达20～5000m，根据现场需求不同可制作不同长度、不同功率的产品，根据管径不同，功率从15～30W/m不等。成品电热带保温管道需现场制作，即将裸管在施工现场连接好后，铺设导热膜、电热带，然后逐层包裹聚氨酯泡沫保温层和聚乙烯黄夹克。该型电热带恒功率运行，可通过温控装置控制其运行温度。

串联型恒功率电热带的优点：机械强度高，不易断；适应于油田内不同长度的单井集油管道，接头少，故障率低；每根电热带由起点供电，中间不需再增设供电点。

串联型恒功率电热带的缺点：电热带不具备自动调温功能，如温控装置故障，不及时发现，会出现干烧现象，易烧损设备；若出现故障，维修难度大、成本高，需将整根管道挖出，打开保温层，更换掉损坏电热带，重新逐层包裹聚氨酯泡沫保温层和聚乙烯黄夹克。

（2）并联型自限温电热带。并联型自限温电热带采用PTC发热材料并联，与电源线、绝缘材料结合一体而成。发热材料由高分子物质构成，最高发热温度为85℃（高于85℃自动停止加热），工作电压为220V，功率为45W/m，单根长度100～150m，经济长度为100m，极限长度为150m，距离超过150m需由接线盒连接两根电热带，另需敷设埋地铠装电缆增加供电点。

成品电热带保温管道由钢管、预留穿线槽、保温层和外防护层组成，保温钢管在工厂内预制成型；伴热带现场穿入预留穿线槽中，实现可抽换伴热带。

并联型自限温电热带可通过温控装置控制其运行温度，如温控装置损坏，则电热带加热至85℃后停止加热，待温度下降后继续加热。

并联型自限温电热带的优点：机械强度高，不易断；接头相对较少，故障率低，维护量小；发热体自动调温，防止干烧现象；与串联型恒功率电热带相比，单根长度短，采用穿槽式铺设方式，如出现故障更换方便。

并联型自限温电热带的缺点：距离超过150m情况下，需敷设埋地铠装电缆增设供电点，不能长距离使用；单位长度功率高于串联恒功率电热带，能耗高；穿槽式安装，电热带与管道有间隙，升温效果较串联恒功率电热带差。

（三）定量掺水阀

为了降低工程投资、节省运行费用，单管环状掺水集油工艺平均单井掺

水量下降了 50% ,平均单井掺水量为 $0.3m^3/h$ 左右。在生产管理中发现,单井掺水量下降后难以控制,掺量不均匀,个别井掺量小,易造成井口回压超高、管线凝堵的问题,为此,在集油阀组间应用了定量掺水阀。

定量掺水阀是根据采油井的生产时间、日产量和含水量,经过专门测试而定向配置的阀门,直接按油井所需的掺水量进行准确掺水,可将掺水压力控制在 $1.2\sim2.0MPa$,阀后压力控制在 $0.3\sim1.0MPa$,流量变化率控制在 $\pm20\%$ 以内;当阀后压力不超过 $0.6MPa$ 时,掺水流量变化率可控制在 $\pm10\%$ 以内。

定量掺水阀采用自动调节方式,可以准确、合理地分配油井掺水量,有效降低总掺水量,进而减少掺水耗电量,操作简单。定量掺水阀技术已广泛应用于单管环状掺水集油流程中。

(四)拉油一体化集成装置

拉油一体化集成装置是为了解决边远油井集油问题而应用的一种装置,其具有橇装式结构,搬运灵活,安装方便,便于生产管理。该装置适用于边远拉油井、试油井的油气生产,以及回压高的低产井的改造,节省了建设投资,简化了工艺流程,提高了系统效率,降低了能耗。

拉油一体化集成装置主要由罐体、液气计量装置、压力表、油气分离室、安全阀、加热装置、防盗装置、火管等组成。采用一体化橇装式结构搬迁便利,具有油气水分离、沉降、加热、储存、计量、防盗等功能。

拉油一体化集成装置采用密闭式,直接与油井出油管线相连。油井产液经单井管线密闭进入拉油一体化集成装置,依靠重力作用完成气液初分离;油井伴生气经捕雾净化引至燃烧器作为加热保温的燃料,剩余天然气放空燃烧;含水油进入沉降储存室,经升温后自压装车拉运;若油井产液含水率较高,该装置可以进行简单沉降、切除游离污水;计量机构直接反映出装置内液体吨位和产液量的变化,综合计量油井瞬时产量和累计产量;需要拉油时,靠装置内气体压能装车。

拉油一体化集成装置具备电加热和气加热两种加热功能,罐体内预留电加热棒安装槽,在油井伴生气量不充足时,可以安装电加热棒对罐内储液进行加热;如油井伴生气量充足,可通过气液分离,将集气装置收集的伴生气输至烧火间作为燃料,对罐内储液进行加热。出油管内口位于燃烧火管上方,以确保燃烧火管一直浸没在液面以下,防止发生干烧事故。

第二节　低渗透油田的管道维护技术

一、管道外防腐技术

(一)管道外防腐层选用要求和原则

在选用管道外防腐层时,应综合考虑管道建设、运行环境、组织施工以及与阴极保护协调性等因素,选择技术、经济可行的外防腐层。管道外防腐层由管体防腐层和焊缝补口防腐层构成,选择防腐层还应考虑管体防腐层和焊缝防腐层的强度对等、结构一致等问题。

1. 管道外防腐层的选用要求

一些特定的环境对外防腐层的性能有特殊要求,在外防腐层选择和使用上应特别注意,例如:

(1)水下管道要求防腐层不仅要能在水下长时间稳定,还要确保在水流冲击下有可靠的抗蚀性及较高的机械强度。

(2)沼泽地区土壤含水率高,含有较多的矿物盐或有机物、酸、碱、盐等,防腐层选用时应考虑细菌腐蚀的可能。季节变化时,土壤发生冻胀严重,沼泽地区防腐层的介电性及化学稳定性要求更高。

(3)用顶管法敷设穿越段的管道,防腐层必须有较强的抗剪切及耐磨的性能,在长期使用不修理时仍能保证可靠的抗蚀能力。

(4)管道通过沙漠地区时,选择防腐层时应考虑盐渍土、高温及风沙等环境变化,选择耐热和抗紫外线辐照、耐磨、抗风蚀性能的防腐层。

(5)管道通过高寒冻土地区时,选择防腐层时应考虑寒冷气候和冻土地质条件,选择具有低温冲击韧性、低温断裂延伸率、低温弯曲性能及冻融循环抗力性能较好的防腐层。

2. 管道外防腐层的选用原则

埋地管道所处的环境决定了管道外防腐层应具备以下基本性能:

(1)良好的电绝缘性。

(2)良好的黏结力。

(3)良好的抗透气性及渗水性。

（4）良好的耐久性、耐土壤腐蚀性。

（5）良好的抗力学性能及耐土壤应力作用。

（6）与阴极保护系统的协调性。

（7）与管道补口、补伤的配套性。

（8）储存稳定性。

（二）管道外防腐技术的主要内容

控制埋地钢质管道外腐蚀的主要技术是外防腐层加阴极保护联合保护方式，某种程度上，防腐层质量决定着管道的使用寿命。管道外防腐层技术从煤焦油磁漆、石油沥青、聚乙烯胶黏带发展到熔结环氧粉末（FBE）、聚烯烃类等合成树脂类防腐层。现阶段，FBE和聚烯烃类防腐层是防腐层市场的主流产品。

我国应用的管道防腐层基本实现了标准化，技术参数指标基本与国际一致，已建国内长输管道的防腐层主要采用熔结环氧粉末、三层聚烯烃和少量的煤焦油磁漆；油田内部主要集输管道的防腐层多采用熔结环氧粉末、三层聚乙烯，非主要管道的防腐层材料仍然为石油沥青类；城市供水、供气管道的防腐层材料则一般多采用环氧煤沥青和防腐胶带。

油田管道外防腐层技术伴随着这个发展历程而发展、应用，外围油田管道的外防腐层技术主要采用了石油沥青、环氧煤沥青防腐及外缠聚乙烯胶带防腐，以及二层、三层结构聚乙烯防腐。

1. 石油沥青防腐层

石油沥青由于其材料来源广泛，成本低，钢管表面热处理条件要求不高，施工简单，在管道防腐的发展史上占有相当重要的位置。

石油沥青是原油分馏的副产物，主要成分为脂肪族直链烷烃，防腐能力一般，用于对涂层性能要求不高的一般土壤环境，如沙土、黏土等，适用温度为$-15℃\sim80℃$。在沼泽、水下、盐碱土壤等强腐蚀环境、土壤应力较大的环境中及植物根茎发达地区慎用。随着聚乙烯、环氧粉末等管道防腐技术的出现，石油沥青防腐层已逐渐被替代，国内仅限于区域内小型管线工程上使用。

2. 环氧煤沥青防腐层

环氧煤沥青防腐蚀涂料以环氧树脂和煤沥青作为基料，与填料、颜料和稀释剂等合成双组分防腐蚀涂料，在我国仍保留有单独的环氧煤沥青防腐层技术标准，欧美国家及国际组织采用统一的液体环氧涂料管道防腐层标准。

目前标准规定的溶剂型环氧煤沥青涂料,施工需多道涂装,固化时间长,施工周期较长,施工过程中溶剂挥发,对工人健康及环境有一定的危害。环氧煤沥青涂层为薄涂层,不耐搬运和磕碰,且防腐层电阻低于其他涂层,增加了阴极保护的投资成本,使用过程中(尤其热管道)绝缘性能下降很快,阴极保护电流增加,运行成本增加,从长远来看不经济。

溶剂型环氧煤沥青涂料可用于小规模管径较小的管道工程,穿越套管及金属构件的防腐,用于对涂层力学性能要求不高,但要求耐水、微生物及植物根茎的地区。在多石土壤、石方段、强土壤应力区及大规模大口径管道工程慎用,适用温度低于110℃。

3. 防腐带

油田常用的防腐带主要有聚乙烯胶带及沥青基防腐带。

聚乙烯胶带防腐体系由底漆、内防腐带和外保护带构成。聚乙烯胶黏带通常采用机械或机具冷缠方式施工,在使用过程中出现的问题主要是防腐层下出现气隙的可能性及数量较多,压边黏结的紧密程度差,防腐层较软、抗损伤能力低,与钢管和背材的黏结强度较低,防腐层黏力在高温或低温时都可能下降,使用温度应进行严格的限制。

沥青基防腐带配套厚浆型底漆,热烤缠绕施工,使石油沥青与热熔底漆有效融合,通常在一些复杂的工艺管道或管道更换上应用。

尽管防腐带在使用过程中出现过很多问题,尤其是黏结力低、防腐层对阴极保护电流屏蔽的问题,但由于胶带防腐层施工简便,可机械化缠绕作业,也可手工缠绕,在一些复杂的工艺管道或异形件上应用方便,且防腐层成本低,在现代管道防腐涂装和防腐层更换方面将保留一定的位置。

4. 熔结环氧粉末防腐层

熔结环氧粉末(FBE)具有良好的黏结力、绝缘性、抗土壤应力、抗老化以及与阴极保护配套性好等优点,使其成为20世纪90年代世界管道首选防腐层,90年代后期国内在忠武输气管道、西南成品油管道等大型工程上也得到成功应用,逐步成为国内管道主流防腐层。

FBE是由环氧当量为700～1000、相对分子质量分布较窄的固态环氧树脂、固化剂及多种助剂经混炼、粉碎加工而成的,属热固性材料。涂敷时将管体加热至220℃～230℃,采用静电喷涂方式用喷枪把涂料喷到管体表面上,受热熔融黏结并经冷却固化成型。防腐层厚度为300～500μm。可用于大部分土壤环境,特别适用于定向钻穿越极黏质土,在碎(卵)石土壤、石方段、地下水位较高、土壤含水量较高的地区慎用或禁用,适用温度为$-30℃\sim110℃$。

尽管它有抗机械冲击性能较差、吸水率偏高等缺点,但仍不愧为较理想的防腐材料,国外曾对长期潮湿环境下运行的 FBE 保护管道进行调查,即使防腐层内部出现气泡,也没有发生腐蚀现象,因 FBE 防腐层与阴极保护协调性好,管道得到有效的阴极保护而免受腐蚀。

5. 聚烯烃防腐层

二层聚乙烯结构为钢管—沥青丁基橡胶/聚合物黏结剂—聚乙烯,沥青丁基橡胶是传统的黏结剂,依靠材料的黏弹性质与钢管表面结合,聚合物胶黏剂与聚烯烃相容性好,与钢管表面形成相对较强的结合,成为二层聚乙烯结构目前主要的黏结剂。二层聚乙烯结构的优点是力学性能优异、绝缘性能好、机械强度高、吸水率低、抗透湿性强、耐化学介质浸泡性能好、耐土壤应力好、补口与补伤方便;其缺点主要有黏结力不是很好,温度较高时黏结力大幅度下降,失去黏结后易造成阴极保护屏蔽,阴极保护失去保护作用。

二层聚乙烯结构可用于大部分土壤环境,特别是机械强度要求高、土壤应力破坏作用较大的地区。在架空管段要慎用,由于其对钢管黏结较差,温差较大的地区也应慎重考虑。

三层聚乙烯结构为钢管—环氧防腐层—黏结剂—聚乙烯,应用趋势为FBE150μm 以上,黏结剂 200μm 以上,使用中密度或高密度聚乙烯,聚乙烯密度、管径和管道运行条件决定了防腐层总厚度。该结构将 FBE 良好的防腐蚀性能、黏结性、高抗阴极剥离性和聚烯烃材料的高抗渗性、良好的力学性能和抗土壤应力等性能结合起来,防腐性能优良,目前已成为应用量最大的管道防腐层。

三层聚乙烯防腐层的主要缺点是施工工艺复杂,国内仅限于管道预制,现场补口补伤及管件防腐很难实现真正意义上的三层聚乙烯结构,国内主要采用热收缩带/套补口补伤,出现补口防腐层等级低于主管线防腐层等级的现象,使补口处成为整条管道的薄弱处,成为腐蚀多发点。

三层聚乙烯防腐层适用于对涂层力学性能、耐土壤应力及阻力屏障性能要求较高的苛刻的环境,如碎(卵)石土壤、石方段,以及土壤含水率高、生物活动频繁、植物根系发达地区。架空管段慎用。管线最高运行温度取决于聚乙烯和黏结剂的软化点,标准通常规定常规聚乙烯防腐层管线运行温度低于 50℃,耐高温聚乙烯防腐层管线运行温度低于 70℃。

对于复杂地域及苛刻的环境,选用二层/三层聚乙烯结构更有意义,这种防腐层虽然一次性投资大、工艺复杂、成本高,但其绝缘电阻值极高,管道的阴极保护电流密度每平方米只有几微安,大幅度降低了阴极保护设备的安装和维护费用。

二、非金属管道应用技术

非金属管道作为一类新型的管道材料,具有优良的耐蚀性和水力特性,内壁光滑,摩阻系数低,输送能耗及安装维护费用低,不需阴极保护,使用寿命长,综合经济效益好等优点,已在油田建设中得到广泛应用。

20世纪80年代末,缠绕玻璃钢管道首先用于青海油田和胜利油田注水和污水处理工程,而后在大庆、长庆、辽河、克拉玛依、江汉等油田推广应用,有效解决了管道腐蚀等问题。随着高压玻璃钢管在油田的应用,钢骨架塑料复合管、柔性复合高压输送管及塑料合金复合管等四大类10余种非金属管道也相继投入使用。非金属管道主要用于油田内部的集油、输油、集气、输气、供水(含清水、污水、聚合物母液)及注入(注水、注醇、注三元、注聚合物)等系统中,在解决管道腐蚀、减少管道维护工作量、降低管道建设工程建设投资等方面起到了重要作用。

由于各类非金属管材具有不同的成型工艺、结构性能、保温结构和技术特点,因此其使用环境、介质种类、介质温度、工作压力及施工方式、维护条件等方面也各不相同。

(一)高压玻璃钢管道

"玻璃钢"是国内的俗称,国外称为"玻璃纤维增强塑料",简称GRP。高压玻璃钢管即玻璃纤维增强热固性塑料管,是将预浸酸酐固化或胺固化的环氧基体树脂的纤维束,按照一定的缠绕工艺,以一定的张力逐层连续缠绕到芯模上,通过内加热固化、修整脱模而成的管道。"这种管道具有隔热性能、耐腐蚀性能、抗渗漏性能、轻质高强、寿命长、可设计性强、水力学特性优异、流体阻力小、综合造价低等优点。它广泛用于石油、化工、制药、城市给排水、工厂污水处理、海水淡化、煤气输送、矿山等行业,是理想的输送液体、气体的管道。"[①]

---

① 刘凤林,刘仲勤,周浪花,等.浅谈玻璃钢管道的维护施工工艺[J].化工设计通讯,2017,43(09):96.

高压玻璃钢管道包括酸酐固化玻璃钢管和胺固化玻璃钢管,最大直径为 DN200mm,主要用于集输油、掺水、热洗管道,工作压力不大于 6.3MPa;注入管道工作压力不大于 25MPa。其输送介质温度应根据介质的组成选用,用于输送油田常规介质时,酸酐固化玻璃钢管最高使用温度为 80℃,长期使用温度不大于 65℃;胺固化玻璃钢管最高使用温度为 93℃,在碱性介质中长期使用温度不大于 65℃。

(二)钢骨架塑料复合管

钢骨架塑料复合管包括钢骨架聚乙烯塑料复合管、钢丝网骨架塑料复合管和孔网钢带塑料复合管。该类管道是以聚乙烯为内、外层,钢丝或钢带编织/缠绕而成为增强骨架,通过特殊工艺成型的复合管,以法兰和电熔两种方式连接。

钢骨架聚乙烯塑料复合管:采用低碳钢丝编网并高速点焊、塑料挤出填注同步成型技术,长期输送介质温度不大于 70℃,工作压力不大于 4.0MPa,最大管径为 500mm。

钢丝网骨架塑料复合管:以钢丝左右螺旋缠绕成型的网状骨架为增强体,内、外层为高密度聚乙烯基体,并用树脂层将三层结构紧密地连接在一起而形成的复合管,长期输送介质温度不大于 65℃,工作压力不大于 3.5MPa。

孔网钢带塑料复合管:以钢带冲孔后进行焊接成型的管状带孔薄壁钢管作为增强骨架,经注塑中密度聚乙烯塑料而成的一种复合管,工作压力为 0.4~5.0MPa,长期工作温度不大于 60℃。

(三)柔性复合连续管

柔性复合连续管包括柔性复合高压输送管、连续增强塑料复合管和塑钢复合耐高压油田专用管。这三种管道均为连续软管,可盘卷,对敷设地形要求低,无焊口,不会出现因焊口质量不过关而造成渗漏的现象,管道与管件连接处采用特种扣压金属管件进行扣压连接。

柔性复合高压输送管内层为过氧化物交联聚乙烯挤出而成,外层由改性聚氨酯和聚乙烯复合而成,增强层由 Kevlar 纤维丝(防弹纤维)和工业涤纶丝或钢丝复合而成,经过合股编织/缠绕于芯管上。该管线主要用于注水、注醇、集输气及原油集输等方面。

连续增强塑料复合管与塑钢复合耐高压油田专用管的生产原料和工艺基本相同,其内层均为交联聚乙烯、外层为中密度聚乙烯或高密度聚乙烯,有低压管和高压管之分。

低压管增强层由连续 48 股×10mm 钢丝编织成网状骨架或以钢带缠绕复合而成,其管径规格还未形成系列化,最大管径为 φ84mm×9.5mm,最高公称压力 7.0MPa,长期输送介质温度不大于 85T,只适用于单井集油、掺水、热洗管线。

高压管的增强层由钢带连续缠绕复合而成,使用压力不大于 25MPa;公称管径为 40～150mm,使用温度为 30℃～80℃,可以用于单井注水、注聚合物管线及站间集油、掺水、热洗管线。

(四)塑料合金防腐蚀复合管

塑料合金复合管包括塑料合金防腐蚀复合管,玻璃钢增强塑料复合管及中、高压玻璃钢塑料复合管。三种管道均为内衬塑料合金管的玻璃钢管,其耐温性能主要由 CPVC 的含量来确定,输送介质最高温度为 110℃,长期输送介质温度不大于 70℃,最高公称压力 32MPa,集油管道使用压力不大于 6.3MPa,注水和注聚合物管道使用压力不大于 25MPa,采用金属螺纹活节连接。

塑料合金防腐蚀复合管和中、高压玻璃钢塑料复合管内衬层均为塑料合金(由 PVC、CPVC、CPE 等材料共混拉制而成),增强层为不饱和聚酯树脂和无碱玻璃纤维通过特殊工艺缠绕在内衬层上,外表层为富树脂层,主要用于原油集输、掺水、含油污水及注水、注聚合物等埋地敷设管道。

玻璃钢增强塑料复合管内衬层为改性 CPVC,外护层为 PE2480(聚乙烯),增强层为无碱玻璃纤维和环氧树脂合成,通过特殊工艺缠绕在内衬层上,该管道与塑料合金防腐蚀复合管的生产工艺相同,主要用于油田注入系统。

三、管道保温技术

(一)聚氨酯泡沫保温技术

聚氨酯是一类含有重复的氨基甲酸酯链段的高分子化合物。它是一大类聚合物的统称,是由含有—NCO 基团的异氰酸酯与含有活泼氢的化合物生成的加聚物。硬质泡沫生产使用的原料有两种:一是异氰酸酯,常用的异氰酸酯是多苯基甲烷多异氰酸酯,它在常温下呈红棕色液体(早先的产品颜色较深,故称作"黑料");二是多元醇组分,该组分是由多种原料混配而成的,其中有聚醚或聚酯多元醇、发泡剂、催化剂、泡沫稳定剂(匀泡剂)以及其他助剂类,这种原料与异氰酸酯相比,颜色较浅,常温下呈淡黄色液体,所以俗称为"白料",也常被标识为 Polyol。

聚氨酯泡沫按照硬度可分为硬质泡沫(简称"硬泡")、软质泡沫(简称"软泡")和半硬质泡沫。硬泡按照施工方式可分为喷涂型硬泡和浇注型硬泡。在生产硬泡时,这两种原料分别被装入各自的罐内,一经混合就会产生化学反应,产生发泡现象。喷涂型硬泡是将经过混合的聚氨酯料喷射到被保温的基材上,到达基材的料在瞬间(一般为 3～6s)迅速膨胀发泡,形成保温层。这种施工非常方便,可以按照不同形状产生保温层。浇注型硬泡主要用作热力管道、夹芯板及太阳能等保温方面,其可以在工厂内预制,也可以在施工现场加工。浇注可以采用机械设备,也可以采用手工方式,一般都有固定的模具或夹具,在模具空腔中浇注、发泡固化后形成保温层。埋地管道多为硬泡。

(1)聚氨酯泡沫保温技术的技术参数。

1)保温材料密度为 45～60kg/m³,管道保温厚度一般为 30～50mm,导热系数不大于 0.033W/(m·K)。

2)使用温度为−50℃～120℃,黏结强度不小于 200kPa,吸水率不大于 0.03g/m³。

3)闭孔率不小于 97%,抗压强度不小于 200kPa。

(2)聚氨酯泡沫保温技术的应用效果。聚氨酯泡沫由于其密度高、导热系数小、抗老化、耐酸碱、不易燃烧等性能,从 20 世纪 90 年代开始得到了广泛应用,但在部分地下水位较浅的地区埋地管道外防护层破损后,由于"串水"会加速管道腐蚀,所以采用了防水帽、提高聚氨酯泡沫密度及加强管道外防腐等措施,以加强对管道的保护。

(二)聚乙烯交联发泡保温技术

聚乙烯交联发泡保温是以聚乙烯、阻燃剂、发泡剂和交联剂等多种原料共混,用挤出法进行化学交联发泡的一种新型发泡保温材料。化学交联反应是使聚乙烯分子从二维结构变为三维网状结构,材料的化学特性和物理特性相应得到增强,耐温、耐压性能提高。交联剂的选择应视聚合物品种、加工工艺和制品性能而定,在化学交联中又有过氧化物交联、硅烷交联、偶氮交联之分。聚乙烯交联发泡保温采用的硅烷交联及交联剂,是利用含有双链的乙烯基硅烷在引发剂的作用下与熔融的聚合物反应,形成硅烷接枝聚合物,该聚合物在硅烷醇缩合催化剂的作用下,遇水发生水解,从而形成网状的氧烷链交联结构。硅烷交联技术由于其交联所用设备简单、工艺易于控制、投资较低、成品交联度高、品质好,大大推动了交联聚乙烯的生产和应用。除聚乙烯、硅烷外,交联中还需用催化剂、引发剂和抗氧剂等。

(1)聚乙烯交联发泡保温技术的技术参数。

1)靠闭孔内的气体绝热,管道保温厚度为 40~50mm,导热系数为 0.038W/(m·K)。

2)有普通型,也有阻燃型(氧指数不小于 27)和难燃型(氧指数不小于 32)。

3)在低温条件下材料结构不破坏、不变形、不龟裂。

(2)聚乙烯交联发泡保温技术的应用效果。聚乙烯交联发泡保温层一般在非金属管道上,在外部有防护层的条件下,可以作为地下水位较低地区的管材保温材料。

(三)复合硅酸盐保温技术

复合硅酸盐保温材料是一种固体基质连结的封闭微孔网状结构材料,由含铝、镁、硅酸盐的非金属矿质——海泡石为基料,按比例复合加入一定数量的辅助原料和填充料,再加入定量的化学添加剂,经过制浆、入模、定型、烘干、成品、包装等工艺制造而成。

(1)复合硅酸盐保温技术的技术参数。

1)保温材料密度为 80~200kg/m³,管道保温厚度为 30~50mm,导热系数为 0.036~0.06W/(m·K)。

2)使用温度不大于 600℃,抗压强度为 400kPa,疏水率不小于 98%。

3)弹性恢复率 100℃时为 98%(50g/cm²)。

(2)复合硅酸盐保温技术的应用效果。复合硅酸盐保温材料可根据要求制作成管壳等,可满足各种管道、设备及异形部件的要求,施工较方便,由于其相对岩棉管壳抗压强度高,收缩率小,施工中无毛刺、粉尘等污染,所以广泛应用于对石油站库集输管道的保温。

四、管道阴极保护技术

阴极保护是通过使金属表面成为电化学电池的阴极而降低金属表面腐蚀的技术。采用防腐层与阴极保护联合保护已成为埋地钢质管道外腐蚀控制最经济、最有效的保护方式。

（一）阴极保护的方法

1. 牺牲阳极阴极保护法

牺牲阳极保护法是将一种比保护金属电位更负的金属或合金与被保护金属电性连接，在同一电解质中，电位较负的金属成为阳极优先溶解，提供阴极保护电流，使被保护体免受腐蚀得到保护的方法。

牺牲阳极基本要求包括：

（1）有足够负的稳定电位。

（2）自腐蚀速率低且腐蚀均匀，产物易脱落。

（3）高而稳定的电流效率。

（4）电化学当量高，即单位质量的电容量要大。

（5）腐蚀产物无公害，不污染环境。

（6）材料来源广，易加工，价格低廉。

土壤中常用的牺牲阳极有镁基合金和锌基合金两类牺牲阳极。

镁基合金阳极可用于电阻率为 $20\sim100\Omega\cdot m$ 的土壤环境，电位较负且稳定，高电位镁基合金阳极的电位为 $-1.75V$（CSE），低电位镁基合金阳极的电位为 $-1.55V$（CSE），但镁基合金阳极电流效率较低，约 50%。

锌基合金阳极多用于土壤电阻率小于 $15\Omega\cdot m$ 的土壤环境或海水环境。电极电位仅为 $-1.1V$（CSE）。在温度高于 60℃时，极性会发生逆转，锌基合金成为阴极受到保护，而钢铁则成为阳极受到腐蚀。因此，锌基合金阳极仅用于温度低于 60℃的环境。

2. 强制电流阴极保护法

强制电流阴极保护法是利用外部直流电源向被保护体提供阴极保护电流的技术，由整流电源、地床、参比电极、连接电缆组成。

直流电源是强制电流阴极保护系统的重要组成部分，它的基本要求是稳定可靠，可长期连续运行，适应当地的工作环境条件，输出阻抗应与管道—阳极地床回路电阻相匹配等。常用直流电源有整流器、恒电位仪、恒电流仪、热电发生器（TEG）、闭循环蒸汽发电机（CCVT）、风力发电机、太阳能电池及大容量蓄电池等。

辅助阳极（也称惰性阳极）是强制电流阴极保护系统中，将保护电流从电源引入土壤中的导电体。按阳极溶解性，辅助阳极可分为可溶性阳极（钢、铝）、微溶性阳极（高硅铸铁、石墨）和不溶性阳极（铂、镀铂、金属氧化物)三类。

辅助阳极基本要求包括：

(1)消耗率低。

(2)阳极极化低。

(3)导电性好。

(4)可靠性高。

(5)足够的机械强度和稳定性。

(6)耐磨蚀、抗侵蚀。

(7)材料来源广，价格便宜。

(8)容易制造成各种形状。

辅助阳极地床是阴极保护站重要的辅助设施，通常阳极地床可分为深井和水平连续浅埋两种形式。

(二)阴极保护的标准

(1)通电电位－850mV准则。在施加阴极保护的情况下，负(阴极)电位应至少达到－850mV。这个电位是相对于与电解质相接触的饱和铜/硫酸铜参比电极测量的。

(2)极化电位－850mV准则。相对饱和硫酸铜参比电极至少－850mV的负极化电位时，就获得了准确的保护。

(3)100mV极化值准则。管道表面和与电解质稳定接触的参比电极之间最小的阴极极化电位100mV。为满足这个标准，可以测量到极化的建立或消除，那么就实现了正常的阴极保护。

(三)阴极保护的参数

(1)保护电位。根据阴极保护原理，电位是衡量阴极保护效果的最重要的参数。保护电位是指当阴极保护时，使金属腐蚀停止(或可忽略)时的电位值。

(2)保护电流密度。保护电流是从恒定在保护电位范围内某一电位的电极表面上流入或流出的电流，它是被保护构筑物单位面积上所需的外加保护电流。通常所说的保护电流密度实际上是指最小保护电流密度，即使金属腐蚀降低至最低程度或停止时所需的电流密度的最小值。

(3)保护度与保护率。保护度与保护率是衡量阴极保护效果的另外两个参数。

保护度(P)是指实施阴极保护使金属腐蚀速率降低的程度。

$$P = \frac{i_{corr} - i_a}{i_{corr}} \times 100\% = \left(1 - \frac{i_a}{i_{corr}}\right) \times 100\% \qquad (4\text{-}6)$$

保护率（Z）是指施加的外加阴极保护电流中用于降低金属腐蚀的部分在总电流中所占的比重。

$$Z = \frac{i_{corr} - i_a}{i_p} \times 100\% = \frac{P}{i_p / i_{corr}} \qquad (4\text{-}7)$$

式中：i_p——总电流；

i_a——被保护金属电流；

i_{corr}——外加保护电流。

第三节 低渗透油田的地面工程总体优化方案

要经济有效地开发好低渗透油田,各方面都必须注意节省投资,减少费用。低渗透油田开发的主要特点是油井产量低,注水井吸水能力低,因而在地面工程建设上不能照搬中高渗透油田小而全、大而全的一套作法,必须树立新观念,开拓新思路,发展新技术,使低渗透油田有效地投入开发,并取得较好的经济效益。

低渗透油田地面工艺流程建设的基本原则应该是:以经济效益为中心,采用先进适用技术,在适应油田地下和地面特点,满足油田开发生产基本需要的原则下,从实际情况出发,因地制宜,最大限度地简化工艺流程,减少设备和人员,节省建设投资,节约消耗费用。

我国各有关油田在这方面都做了大量研究试验工作,积累了许多好的经验,形成了不同特色的地面工程配套工艺技术。长庆油田和大庆油田开采的低渗透油田比较多,其油气集输工艺技术也比较完善配套。下面以长庆低渗透油田地面工程和大庆外围低渗透油田地面工程为例,探讨低渗透油田的地面工程总体优化方案。

一、长庆低渗透油田地面工程建设模式

（一）安塞油田模式

安塞油田地下为特低渗透储层,油井经压裂改造后产量仍然很低,初期单井日产量也不过 4～5t。地面位处陕北黄土高原,千沟万壑,纵横交错,

地形十分复杂。

长庆油田总结过去地面工程建设的经验,从安塞油田实际情况出发,提出"三从一新"的原则,以"单、短、简、小、串"为特点,经过反复研究试验,最终形成"丛式井、双管常温密闭集输流程"。

"三从一新"即从简、从快、从省,适用新技术。所谓"从简"就是因地制宜,一切做到简化;"从省"就是优化设计,节省投资"从快"就是缩短建设周期,尽快见到投资效益;"一新"就是更新观念,积极研制和推广使用先进适用的新工艺技术。

"短、单、简、串、小"是:"一短"就是短流程;"二单"就是原油单管不加热密闭集输工艺和单管小支线注水、活动洗井工艺技术;"三简"就是简化流程、简化设施、简化操作;"四串"就是油井相串、注水井相串、阀组间相串和接转站相串;"五小"就是五种小型处理装置,即小型橇装注水装置、小型橇装注水处理装置、小型橇装反冲洗装置、小型橇装大罐油气装置和小型橇装轻烃回收装置。

"丛式井、双管常温密闭集输流程"即在丛式井井场或多条管线汇合点设"阀组",多井双管进站。该流程改过去单井进站为多井双管进站,同时取消了计量站,大幅度减少了集油管线,降低了地面工程投资,实现了"井口(阀组)—计量接转站—集中处理站(综合站)"的油气集输二级布站流程。

以"三从一新"为原则,以"短、单、简、小、串"为特点的"丛式井、双管常温密闭集输流程"被誉为"安塞模式"。

(二)靖安油田改进集输流程

靖安油田油气集输流程在"安塞模式"的基础上又进行了改进和发展,其特色是"优化布站、井组增压、区域转油、环网注水、简易拉油"。

靖安油田油气集输流程最主要的改进和发展是研制和采用了多功能多井计量增加装置。对油田边缘的区块安装多功能多井计量增压装置,使丛式井双管流程变为丛式井单管集输流程,实现集输工艺的新突破,同时可以大大简化站内设施,减小占地面积,使站外管线布置优化,灵活机动。

(三)小区块地面建设模式

长庆油田对于边缘小区块和出油井点,针对其前景尚不明朗,且分散、孤立、面积小及产量低的特点,为防止盲目失误,造成损失,本着"实用、经济"的原则,采用"简单、短小、节省、实用、快速"的模式。经过几年的探索,逐渐形成一套与油田发展相适应,满足生产,节约投资,建设速度快的小区块地面建设模式。

小区块地面建设模式主要包括以下工作内容：

(1)火炕加热,简易拉油。

(2)污水处理,就地回注。

(3)简化生产流程,采用短流程或无流程生产方式。

(4)研制小型简易设备。

(5)建设小区必要的简易配套设施。

二、大庆外围低渗透油田地面工程工艺技术

大庆外围油田的特点是,油层埋藏较深、渗透率低、油井产量低、气油比低、原油含蜡量和凝固点高。大庆油田的工作人员针对这些特点,在总结老油田油气集输流程和地面工程建设经验的基础上,本着降低投资、降低能耗、提高效益和保证生产的原则,经过不断研究攻关和现场试验,逐步形成了适应外围低渗透油田经济有效开发的油气集输流程。

(一)榆树林油田单管小环掺水集油、二级布站流程

榆树林油田单管小环掺水集油、二级布站流程是油井出油进入集油环,集油环进入集油阀组,集油阀组直接进入转油站,全部过程利用抽油机的余压进站。中转站的掺水泵将左右的热水送至集油配水阀组间,经集油配水阀组间将热水分配给阀组间和集油环,然后热水同各井的油气混合进入集油阀组和中转站。

榆树林油田单管小环掺水集油、二级布站流程的工艺特点是:

(1)每个集油环串联3～4口井,这样可以缩短集油管网的长度,避免因串联井数多和管网较长导致环内回压过高,产生倒灌,影响正常生产,同时也可避免因管网长而掺水量难以控制所造成的集油环冻堵现象。

(2)集油环采用同径环,这样端点井不固定,可以根据需要改变掺水集油方向,避免固定一端掺水,管内温降,大集油管结蜡。

(3)每个集油阀组由4～5个环组成,管辖油井18～25口,集油掺水用同一条管线,仅此一项投资可节约30%。

(4)以阀组间代替计量间,节省了分离器费用。

(5)采用便携式"液面仪"或"功图仪"定期在井口计量。总体可节约投资38%。

(二)单管电加热集油工艺流程

目前,大庆外围油田共采用 4 种单管电加热集油流程:单管小环电加热集油流程、单管树状电加热集油流程、单管混输泵增压掺气液循环保端点井的电加热集油流程、单管莎尔图式串联电加热集油流程。这 4 种单管电加热集油流程根据油井分布产液电加热方式各异。

(三)原油处理新工艺技术

(1)高效多功能原油组合处理装置。高效多功能组合处理装置是能够满足油气分离、沉降、加热、电脱水和缓冲等集输工艺要求的多功能采出液处理组装化装置。该装置由油气分离、沉降、加热、脱水和缓冲等部分组成。

多功能采出液处理组装化装置取代了常规流程中的三相分离器、加热炉和电脱水器等设备。采用组装化装置后将传统的两段脱水流程简化为一段脱水流程,简化流程效益非常显著。

与常规流程相比,多功能采出液处理组装化装置不仅可以减少操作环节和操作人员,而且工程量及工程建设周期与常规流程比也大大降低和缩短,处理后油和水的指标完全达到要求。

(2)常压立式罐脱水工艺技术。常压立式罐脱水器是在常压罐的基础上加电极板,使其具有游离水脱除、电脱水及脱后油缓冲功能。原油脱水工艺流程简单,单位处理量的工程投资低,运行安全,操作方便。

采用常压立式罐脱水工艺,脱水温度在 54℃左右时,可处理含水在 5%～90%的含水原油,使脱后油中含水小于 0.3%,脱后污水含油小于 1000mg/L。常压立式罐脱水器可大大简化外围油田的原油脱水处理工艺,降低工程投资 52%。经济效益显著,具有良好的推广前景。

第五章　超低渗透油藏的优化技术

第一节　超低渗透油藏的基础特性

一、超低渗透油藏的地质特性

（1）超低渗透油藏的沉积特性。以长庆油田超低渗油藏为例，长庆油田超低渗油藏主要为三角洲相沉积，发育有三角洲平原亚相和三角洲前缘亚相。其中三角洲平原亚相主要包括水上分流河道、分流间洼地等微相；三角洲前缘亚相又主要包括水下分流河道、远砂坝、支流间湾河口坝、三角洲前缘泥、分流间湾等微相，其中水下分流河道与河口坝是油气分布的主要微相。

（2）超低渗透油藏的岩性特性。储层的矿物组成、颗粒胶结、颗粒排列方式往往决定了储油物性的好坏。因此，储层岩石特征是决定储层孔隙大小、喉道类型、孔隙结构及储层物性的基础。

从地质情况来看，长庆油田长 6、长 8 油层岩性致密、风化程度中等、颗粒分选较好，储层岩性主要以灰绿色、褐灰色细-中粒岩屑长石砂岩为主，其次为细-中粒岩屑长石砂岩，并有少量细粒岩屑砂岩。其储层的石英含量在 20.8%～35.8% 之间，长石含量在 31.1%～51% 之间，基质含量较少；填隙物以自生绿泥石与铁方解石为主，含少量长石、浊沸石。

二、超低渗透油藏的地层水性

对于超低渗透油藏，超前注水开发技术的研究就显得尤为重要。对于超低渗透油藏，超前注水是其提高采收率的关键技术之一。然而注入水的水质如达到相应标准、与地层不配伍，反而会使得油藏的非均质性更加严重,注水压力升高。因此,对地层水性质的进一步研究,有助于提高超低渗透油藏注水开发效果。

"超低渗透是低渗透的重要类型,超低渗透油气资源量在低渗透剩余可采资源量中所占比重日益增加。"[1]超低渗透油田主要通过压裂的方式使油层出现裂缝,提高油层渗透率,改善原油在地层中的流动环境。根据实际油田开发情况选择具体的方式:①油井和注水井对应压裂;②只对油井压裂,注水井采用增注的方式;③只对油井压裂,注水井不采用增注的方式。

超低渗透油藏与(特)低渗透油藏相比,其岩性更致密、孔喉更小、应力敏感也更强,开发难度也更大。但是,超低渗透油藏油层分布稳定、储量规模大、原油性质好、水敏矿物少,具备较好的开发条件,开发前景巨大。

第二节 超低渗透油藏的智能化开采技术

一、超低渗透油藏的现有开采技术

(一)超前注水技术

1.超前注水技术优势

"超前注水技术的优势在于提升超低渗透油藏的产能,作为低渗透油田开发的一种方式,超前注水能建立驱替压力系统,能提高油藏的驱替压力。"[2]

(1)超前注水能建立驱替压力系统。超低渗透储层孔隙结构具有孔道半径小、非均质性强、孔喉大小不一致的特点,在固-液交界处的作用力也不一致,这对储层边界的影响程度也完全不同。也就是说,在不同孔道含有不同的启动压力梯度。

在超低渗透油藏中,不仅存在启动压力梯度,另外驱动压差和梯度都非常大。超前注水时,在超前的时间内,只注水不采油,这便能提高地层压力。

---

① 刘雪芬.超低渗透砂岩油藏注水特性及提高采收率研究[D].成都:西南石油大学,2015:1.

② 张博,韩阿维.低渗透油田超前注水技术研究及应用[J].中国石油和化工标准与质量,2021,41(15):169.

一旦油井投产,马上就能建立较高的压力梯度,当超前时间达到某一值后,油层中任一点的压力梯度都会大于启动压力梯度,那么这便建立好了一套有效的压力驱替系统。

(2)超前注水能提高油藏的驱替压力。可采油藏动用程度与驱动压力梯度正相关,驱动压力梯度增大,可采油藏动用程度增加。并且,油藏渗透率越低,可采油藏动用程度越小。造成这一规律主要是由于超低渗透油藏孔隙一般是由细小孔道构成,其比表面非常大,这会造成对孔道内流体边界层影响非常明显。

当受到的应力增大时,其渗流孔道变小,启动压力梯度增大,一些小的渗流孔道便会丧失渗流能力,一旦受到的应力逐渐增大,将会有越来越多的小孔道丧失渗流能。当采用超前注水时,在地层压力的作用下,注入水在地层中将会被均匀推进,即会首先沿着渗流阻力小的较高渗透层段推进,当较高渗透层段地层压力升高后,注入水便会向较低渗透层段流动,便会有非常多的孔道加入流动的行列,故能够有效提高注入水的波及体积,以达到提高采收率的目的。

另外,根据长庆油田室内岩心实验数据得出,滞后注水渗透率是超前注水的 61%～87%,平均达到了 74%,预测最终采收率主要有三种方法:陈元千公式、俞启泰公式、相渗曲线法。采用陈元千公式计算出的超前注水比滞后提高 4.06%;采用俞启泰公式计算出的超前注水比滞后提高 5.41%;采用相渗曲线法计算出的超前注水比滞后提高 2.17%;超前注水的预计采收率提高幅度与数值模拟结果接近。

2. 超前注水参数的优选

(1)保持合理压力水平。超低渗透油藏通过超前注水可以建立有效驱替压力系统。即通过超前注水,提高原始地层压力,油井投产后,使得地层任一点的压力梯度大于该处的启动压力梯度。对于无限大地层有多口井同时生产的情况,可以通过每口井的压力降情况进行压降的叠加。

(2)累积注水量确定。不同物性储层压力恢复目标不一样,而相同物性条件,地层压力却不同,提高同样的压力保持水平时压力差不同。因此,储层所需要注入的累积注水量受储层物性、地层压力的控制。

(3)注水强度的确定。根据最大注入压力,即可确定注水井的最大注水强度。另外,考虑到地层的吸渗作用,注水速度越慢越好。

(4)注水时机的确定。在超前注水开发超低渗油田中,由于成本限制,超前注水时间不可能无限期延长。从经济角度把注水时机分为了合理超前注水时机和极限超前注水时机。随超前注水时间的变化,当多产出原油的价值和随超前注水时间变化的超前注水投资相等时,其对应的注水时间即为极限超前注水时间。

(5)采油井合理流压。超低渗透油藏为了保持油井产量,往往加大生产压差,但对于饱和压力高的油藏却会引起油井脱气半径扩大,使流体的流动条件变差,从而造成不利影响。油井流压过低会使得泵效受到影响,因此为保证生产要求泵效,泵口应具有一定的压力。

3. 超前注水的采油效果

以长庆油田为例,油井先期投产之后,地层压力下降很快,即使再注水开发,尽管油藏注采比很高,仍难以使地层压力快速恢复。当油藏滞后注水时,由注水前的地层压力恢复到原始地层压力需较长的时间,使得油藏在非最佳方式下长期开发。为了使油井长期保持旺盛的生产能力,地层压力就要保持在原始地层压力附近。三叠系延长组油藏虽普遍属于低压油藏,但即使在原始地层压力条件下,注水井在少排液甚至不排液的情况下,油层仍有旺盛的吸水能力,若采用超前注水方式开发,将会取得明显的经济效益。

长庆油田从 2001 年开始推广超前注水技术,随着超前注水技术的不断完善和成熟,超前注水的规模也在逐年增加,总体实施效果较好。

总之,超低渗透油藏深入开展油藏工程研究,进一步优化井网形式,并结合储层特点优选油层改造规模,同时加强现场组织实施,超前注水技术政策落实到位,可以有效提高三叠系特低渗透油层的单井产量,比同步或滞后注水区平均单井产量提高 20%～30%。

(二)分层压裂改造技术

分层压裂设计时,关心的是隔层是否具备遮挡裂缝延伸的能力,在不同的隔层条件下进行工艺措施的优选,从而避免"管内分层,管外连通"。为此,我们需要对分层压裂改造技术进行以下内容的研究:

1. 分层压裂技术分类

(1)机械工具分层改造技术。

1)可钻式桥塞。可钻式桥塞技术的特点:采用复合材料,更容易钻磨,钻磨时产生的非金属碎屑更容易循环出地面,桥塞因不含钢制部件或销钉、卡瓦中不含碳化钨、黄铜圈,可使用普通磨鞋进行作业。

2)可捞式桥塞。可捞式桥塞的技术特点:同可回收式封隔器配合使用可在一趟管柱实现多段酸化、压裂或测试作业,不可钻。循环阀设计允许在下入和回收时循环液体以减小摩擦;利用反向往复式卡瓦阻止上下移动。同时需配套下入工具和打捞工具。可钻式桥塞和可捞式桥塞分段改造技术是目前国内外成熟的机械工具分段改造技术,在国内外已得到广泛的应用,且该工具价格较便宜。

3)封隔器分层。封隔器分层技术的特点:利用多个封隔器进行卡层分段,可实现 3 封 4 压、4 封 5 压,一趟管柱完成分层压裂,合层排液测试,工具为不可回收式工具,通径一般为 32mm,不利用后期作业。

4)投球分层。投球分层技术的特点:投球分层压裂是将所有欲压裂的层段一次射开,利用各层间破裂压裂的不同,压开破裂压裂较低的层段进行加砂;在注顶替液时投入暂堵球,将其射孔孔眼暂时堵塞,再提高压力压开破裂压力较高的层段。也可利用各层渗透率性的差异,在泵注的适当时机泵入堵球,改变液体进入产层的分布状况,在渗透率较差的层段建立起压力,直到破裂。如此反复进行,直到更多的层段被压开。该工艺目前未能得到广泛应用,重要原因是分层具有不确定性。

(2)限流法分段改造技术。限流法分段改造技术的原理是,通过严格限制水平井筒各段的炮眼数量,尽可能提高施工中的注入排量,利用先压开层吸收压裂液时产生的炮眼摩阻,大幅度提高井底压力,进而迫使压裂液暂堵,使各段相继被压开,最后一次加砂同时支撑所有裂缝。水平段布孔孔眼数一般从水平段根部到趾部逐渐增大。

(3)砂塞、液体胶塞分段或暂堵剂分段改造技术。脱砂隔离技术原理:在施工结束时,有意提高砂比使砂子脱砂,堆积在裂缝开口处,从而实现水平井层段之间的隔离,再进行下段射孔以及措施。使用的是不同目数、不同密度的砂子或树脂涂覆砂,不同目数、不同密度的砂子由于沉降速度不同,一些漂浮在层段的顶部,而另一些则把井筒的中心部分充实,使其有裂缝的层段与其他层段隔绝。

液体胶塞分段技术原理:对试油求产结束的层位进行填砂作业,在封堵段形成砂塞,然后再在砂塞段前挤入液体胶塞液,待聚合成塞后进行试压检查封隔质量,且胶塞在 48h 后可软化变脆易于机械清除。

脱砂隔离技术和液体胶塞分段技术,由于可控制差,目前已很少使用。

暂堵剂分段技术原理:如果处理后的井段渗透率高,就需要一种非常有效的暂堵剂来临时封闭该井段,暂堵剂可在高渗透基质表面产生一个由固体颗粒形成的滤饼,从而改变注入酸的流动方向,保证能与未酸化的岩石作用,当暂堵剂均匀分段注入时,上述已酸化井段就暂时被封闭起来,从而能酸化其他井段。为了保证暂堵成功,应采用高浓度有机盐或树脂基暂堵剂,其最佳浓度可通过室内实验确定。在压裂酸化作业中,常用蜡球、苯甲酸碎片或其他粒状添加剂堵塞射孔孔眼或裂缝,以成功实施分段压裂作业。

(4)水力喷射压裂工具分段改造技术。根据伯努利原理,高压流体经小孔喷嘴喷射而出时,其压力就会转换成流体速度。水力压裂喷射技术利用一个带喷嘴的喷射工具产生高速流体穿透套管、岩石,并在地层中形成孔洞,随后的高速流体直接作用于孔洞底部,产生高于地层破裂压力的压力,在地层中造出一条单一的裂缝。

1)带喷砂滑套分层压裂工艺。通过在油管上连接多个喷砂滑套装置,利用喷射过程中形成的负压原理来实现多个层段的分层压裂作业。该工艺也具有转层快、作业周期短的优点,但该工艺在压裂完成后需要与不压井起下装置配合使用,如果地层压力高,目前的不压井起下装置不能满足后期下油管的需要。

2)连续油管带机械封隔器分层压裂工艺。在连续油管底部连接喷砂射孔工具、定位装置和机械座封封隔器,可以在一趟连续油管入井作业中实现喷砂射孔和加砂压裂。其工艺原理:连续油管带工具串入井后,利用携带的机械定位器来校核射孔层段位置,位置确定后座封机械封隔器,封隔器座封好后通过喷砂射孔工具泵注携砂液对压裂层段射孔,射孔完成后从套管泵注,实现对射孔层段的加砂压裂,第一层段加砂压裂完成后,解封封隔器,上提连续油管至下一施工层段,重复以上步骤,完成单井多层段压裂作业。该工艺能完成单井多达30～40层的分层压裂作业,具有作业层段多、后期修井作业方便的优点,但该工艺的不足之处是使用工作液相对较多及单层作业时间较长。

2. 分层压裂技术设计

(1)加砂压裂设计的步骤。加砂压裂设计的优化适宜采用单井加砂压裂优化设计方法。该方法的目标是针对具体的储层取得在最大净现值条件下的裂缝半长与导流能力。完成一口单井加砂压裂优化设计的主要步骤如下:

1)钻井、完井参数。

第一,掌握井身结构、套管、油管及井口状况。掌握井身结构、套管、油管及井口状况包括井口装置的规范,井身结构,井径,井下管柱(套管、油管),油套管尺寸、规范、钢级、抗拉、抗内压、抗外挤及下深等,水泥返深,油补距,套补距等。

第二,确定压裂施工使用的井下工具。确定压裂施工使用的井下工具包括井下工具的名称、规范、尺寸、耐温耐压、位置及工作原理等。

第三,明确射孔位置和射孔数。明确射孔位置和射孔数包括完井方法,射孔井段,射孔枪、弹型号,孔密,孔径,相位及孔深等。

2)压裂目的层及其邻层地质参数。压裂目的层及其邻层地质参数包括:①压裂目的层的厚度及其横向展布;②压裂目的层的渗透率和孔隙度、含水饱和度的大小及分布;③压裂目的层及其邻层岩石力学特性,包括地应力大小、杨氏模量、泊松比、断裂韧性、压缩系数等;④天然裂缝的发育及分布,包括天然裂缝分布规律、裂缝形态、密度等;⑤断层的发育及分布;⑥储层敏感性;⑦储层岩性及矿物组成。

3)压裂目的层流体参数。压裂目的层流体参数包括:①储层流体特性,包括流体组成、密度、地下黏度、压缩系数等;②储层流体饱和度,包括流体中各相的饱和度;③储层流体的温度及压力;④相渗曲线;⑤PVT参数。

(2)压裂规模的经济优化。压裂设计过程中,按照以下步骤进行压裂规模的经济优化:

1)根据储层和上下隔层的地应力状态,选择适合储层特征和压力动态的近似的裂缝扩展模型。

2)对目标储层用油藏数值模拟求取不同支撑缝长和导流能力下在不同时间的累积产量,并将其转换为经济收入,因此经济收入为支撑裂缝半缝长的函数,收入的增长速度随半缝长的增加而减小。

3)使用水力裂缝模拟,求取不同支撑裂缝所需的压裂施工规模(压裂液、支撑剂、设备消耗及人员工作等),并将其转换为加砂作业的投入费用,投入费用随半缝长的增加而加速增长。

4)使用经济模型结合收入、投入费用,最终得出净现值(NPV),随着半缝长的增加,净现值不断地变化并出现极大值,极大值所对应的半缝长即最优化的半缝长。

最优化设计方法,首先要建立系统的最优化模型,确定系统的边界,以便找出影响系统的各个因素。影响压裂施工效益的主要因素是:油井的压后产量和施工成本。对于一个压裂施工方案,可以改变的参数是施工排量、压裂液的种类及数量、支撑剂的种类及数量、泵注程序。这些参数的改变对施工成本的影响是可直接计算的,而对产能的影响要通过复杂的模拟计算才能得到。

最优化理论中的线性规划方法可以在诸多影响因素对目标函数的线性

影响关系确定的前提下,平衡各种影响得到目标函数的最优解。而压后产量与裂缝长度、裂缝长度与裂缝宽度、压裂液体积、支撑剂的运移和沉降等的关系确定,用现在的压裂理论完全可以解决。因此,可根据线性规划理论,运用线性化的方法,将压裂施工方案中各个参数与最终影响油井累计产量(即开采效益)的裂缝参数之间的互相影响的非线性关系,离散成多个互不影响的线性关系,运用线性规划的解法,在求得目标函数最优解(即最佳开采效益)的同时得到对应的最优压裂改造施工方案。

二、超低渗透油藏的开采智能化趋势

(一)井联网智能开采

井联网是一种基础的智能开采井身结构,目的是能够实现智能调控井下油气产量和提高采收率,使地下井群达到动态平衡状态等功能。井联网系统除了能够借助回馈型系统发出重复的指令外,还能处理好油田开采的冲突问题。此项技术能够按阶段调整油田开采设备的关停顺序,通过模板化的工作方式,以及制动电阻、感应元件提供的功能,对油田开采任务做出更好的回应,同时可实时记录采油管理问题的方法。

针对井联网能源损耗问题,应用自动控制系统进行智能开采工作,并完善相应的管理体系,改变传统井联网智能开采环节表现出的不足问题,依靠自动化井联网处理系统,调整油田开采设备的效率,可提升油田开采设备的负荷率值,最终起到自动变频、自动调速的作用,在此基础上以降低能耗作为未来的研究方向,进一步推动井联网智能开采的发展。

(二)动液面智能开采

在油田进入正常开采前期,油田的地质研究人员,根据原油产量、原油黏度、含水率、气油比和地层渗透能力等因素来确定抽油泵的沉没度。由动液面变化产生影响分析,控制动液面保持抽油泵沉没度处在合理的状态。

动液面智能开采具有程序化的应用优势,在长期维持油田开采设备的工作状态外,通过对变频柜的动态控制,提高采油效率。动液面智能开采系统能够对采油工程的管壁压力以及低渗透液面做出持续的控制,最终提升开采效率。

三、超低渗透油藏的开采智能化技术应用

(一)短水平井加密技术

以安塞油田为例,安塞油田位于鄂尔多斯盆地一级构造单元陕北斜坡的中东部,区域构造为一平缓的西倾单斜,倾角不足一度,沉积相主要以水下分流河道微相、河口砂坝微相为主,生产主力油层为三叠系延长组长6层,基本上采用菱形反九点井网形式开发,埋深1100～1600m,表现储层物性差、裂缝发育、启动压力梯度高等特点。区域裂缝发育,地应力场最大应力方向为北东—西南向,与沉积物源方向一致。区块构造简单,无断层发育,地面露头和钻取岩心均证明长6层存在天然微裂缝,缝长0.1～0.6m,缝宽0.2～20.0mm,倾角87°左右,多被方解石填充,地层条件下多为闭合缝,裂缝分布方位NE50°～60°之间。由于天然裂缝发育,随着注水开发时间的延长,导致水线沟通,主向井水淹,形成67°方向的水线,加剧了储层非均质性和注水开发的矛盾,增加了油田开发的难度,导致部分剩余油在裂缝侧向富集。

人们通过结合精细储层地质研究、油藏动态综合研究成果,利用油藏数值模拟方法,刻画剩余油分布,利用检查井岩心观察测试、加密水平井测井等多项资料,进行加密水平井的水淹层识别,结合现有井网形式,总结是安塞超低渗透油藏长期注水开发后,裂缝型水驱特征明显,剩余油主要呈条带状分布在裂缝侧向;根据历年短水平井开发加密试验实施效果,认为水平段分布在油井排两侧,水平段两端距水线百米以上,具有较好的经济效益;结合测井二次解释结果,在水淹层识别的基础上,避开水淹层,控制水平段两端改造参数,降低见水风险。

(二)智能间抽技术

合理的间抽制度对产液量的影响很小,在智能算法优化控制下,根据油井生产变化情况,用软件的自学习功能可以对间抽制度进行调整,可以显著缩短油井的生产时间,节能降耗效果显著。

以华庆超低渗油藏为例,华庆超低渗油藏以三叠系为主力油藏,储层岩性主要为粉细-细粒长石砂岩,碎屑成分以长石为主,岩心分析平均孔隙度12.0%,砂层平均厚度29.3m,油层平均厚度20.0m。渗透率仅为0.35mD,属典型的致密油藏,与已开发的特低渗透油藏相比,岩性更致密,

孔喉更细微,应力敏感性更强,物性更差,开发难度更大。

为了解决低产井间歇出液严重,造成资源浪费严重的问题,应用智能间抽技术,确定适合于油井出液规律的间开制度,将间开造成的产量损失降到最低。水驱油藏油井流入动态曲线具有偏转特征,即存在一个非零的流动压力使油井产液量达到最大值,该流动压力即为最小流压界限。当油井流压大于最小流压界限时,油井产量随流压的降低而增加;当油井流压小于最小流压界限时,油井产量随流压的降低而降低。

解决问题的关键就是找到低产井的最小流压界限,通过合理的间抽控制,使油井流压保持在最小流压范围内,即可使间抽对油井产量的影响降至最低。华庆油田生产流压高于最小流压界限值。如果长时间停井,势必会对油井产量造成较大影响。根据华庆超低渗透油藏低产井流入特性曲线,通过建立停抽过程中液面恢复高度及抽油周期内油井产量的仿真模型,通过数值模拟得出华庆低产井间抽制度优选方案。

华庆超低渗油藏应用智能间抽技术可以根据油井产液量的变化,自动调整间开制度;合理的间抽制度对产液量的影响很小,在智能算法优化控制下,根据油井生产变化情况,用软件的自学习功能可以对间抽制度进行调整,对产液量的影响能可控制在 4% 以内,部分井甚至不会影响产量,生产时间却可以减少 4~15h,可以显著缩短油井的生产时间,节能降耗效果显著。

直接效益是减少损失收入,缩短了成本收回的时间;间接效益是油井间抽后生产时间缩短,油管杆服役期及检泵周期延长,间抽后检泵周期理论上可延长至 830 天;同时,每年每口井减少的油管杆更换数量约为 10 根,规模推广后,经济效益更为可观。

(三)循环分层周期注水工艺技术

循环分层周期注水工艺技术,包含两项技术:自动循环液压控制分层周期注水技术和磁控分层周期注水技术。

1. 自动循环液压控制分层周期注水技术

自动循环液压控制分层周期注水技术工艺原理:采取单片机自动控制原理,地面设定好初始开启时间、持续开启周期、持续关闭周期等参数,达到设定时刻,井下循环注水开关器中的控制电路通过螺旋传动系统,控制开关阀开启、关闭,实现井下自动循环分层周期注水。由于自动循环注水开关器同时只有一个处于开启状态,单层注水量通过地面闸门和流量计即可准确控制。

循环注水开关器设计有压力传感器及信号处理控制系统,通过地面打液压,按照压力高低和持续时间的长短,组成压力随时间变化的编码信号,对应相应的控制功能,井下循环注水开关器接收到压力编码信号,从而控制电机相应的转动,通过螺旋传动系统拖动开关阀开启或关闭,实现液压控制注水。

自动循环液压控制分层周期注水工艺管柱,主要由循环注水开关器、注水封隔器、水力锚、控制洗井防砂阀、球座、筛管、丝堵等组成。

2.磁控分层周期注水技术

磁控分层周期注水技术工艺原理:通过井下带磁控功能的循环注水开关解决注水井多层同时自动循环注水问题。管柱下井后,地面打液压坐封封隔器,实现层间封隔,循环注水开关器设计霍尔传感器及信号处理控制系统,通过地面钢丝下入永磁控制器,在循环注水开关器附近,按照特定时间永磁控制器通过循环注水开关器次数的多少,组成多组磁信号编码,对应相应的控制功能,井下循环注水开关器接收到磁信号编码,从而控制电机相应的转动,控制开关阀的开启、关闭以及开度大小,实现磁控分层注水。

磁控分层周期注水工艺管柱,主要由磁控循环开关器、注水封隔器、水力锚、控制洗井防砂阀、球座、筛管、丝堵等组成。

(四)智能分层采油技术

智能分层采油技术适用于大斜度井、水平井的开发,在下井前对智能开关器设定工作程序,下井后依次自动开启、关闭,每个层轮流打开单独生产几天,通过计量化验确定出各层的流体性质,明确下步开采方案后,可按照一定的压力编码顺序,通过地面打压,控制智能开关器的开启和关闭。同时,开关器内设有压力检测系统,实现地层压力、温度数据记录和存储。

智能分层采油工艺管柱,主要由抽油泵、丢手接头、Y441堵水封隔器、安全接头、智能开关器、K341堵水封隔器、丝堵组成。

(五)智能开关控制技术

智能开关主要由主体、开关阀、信号接收系统、驱动机构、控制电路等组成。

智能开关的开启和关闭通过控制系统控制微电机的工作来实现。通过设定时间给井下控制电机的控制系统一个打开信号,就可以控制电机以顺时针方向转动,电机带动开关阀活塞向左移动特定距离后,电机停止工作,控制系统处于休眠待机状态,进液口打开,智能开关开启;根据需要控制系统给驱动电机一个关闭信号,控制电机以逆时针方向转动,电机带动开关阀活塞向右移动,进液口关闭。

1. 可测温测压控制系统

可测温测压控制系统设计了采用以单片机为控制核心单元的可测温测压控制系统,该系统主要由单片机、电源调理模块、供电系统控制模块、时钟电路模块、数据存储模块、压力检测模块、地层压力监测模块、电动机驱动模块、电动机电流监测模块、微型电动机、电池组成。

整个控制系统采用大容量的耐高温锂电池供电,电池电源经过电源调理模块后,得到单片机以及其他电路和元件所需要的电源电压,并且必须符合电动机正常工作的要求。所有元器件都采用耐高温的微功耗产品,并且各种元器件、芯片、传感器都使用军品标准产品,以确保系统在井下能够正常工作。这些模块组成了一个有机协调的控制系统,在单片机统一管理下实现所需的控制功能。

2. 压控方法与监测系统

利用"二进制编码"的思路,改变开关器工作状态。根据实际工况的需要,将地层液体压力作为地层状态监测的对象,同时监测管柱内外的压力。监测可以每天循环进行,将监测数据记录存储起来。

(1)首次研发出了循环分层周期注水技术,该技术能够按照自动程序控制各层循环周期注水,并且可以通过地面发送压力信号,随时改变注水层位,还可以通过下入磁信号控制器,调节水嘴开度大小,不再需要下入传统的投捞调配测试仪器进行投捞调配,实现了注水井智能化分层周期注水,减轻了一线员工的劳动强度。

(2)井下智能分层采油技术满足了一趟管柱找水、堵水、测试、生产的需求,简化了施工工序,降低了作业成本,对于了解油藏性质和对地层特性进行精细描述具有非常重要的指导意义。

(3)开发出了一套适用于油田井下高温高压的智能控制系统,采用自动+液压双重控制单片机系统模块。

自动循环程序控制电机驱动模式占主导,压力控制模式为辅助,休眠电流低,时钟唤醒准确可靠。

(4)通过室内模拟试验和现场长期试验,证明工艺成熟可靠,编制了相关技术规范,并在推广后取得了较好的经济效益和社会效益。

第三节 超低渗透油藏的水平井优化技术

一、超低渗透油藏的水平井开发规律

(一)超低渗透油藏的水平井开发突出表现

我国超低渗透油藏多采用注水开发,水平井大规模压裂改造又进一步加剧了陆相油藏非均质性,水平井开发矛盾日渐凸显,突出表现为:

第一,压裂水平井初期产量高但递减速度快,前五年采出可采储量的40%;同时水平井产量为各压裂段产量之和,产量递减规律与直井不同且产量递减影响因素复杂。目前已投产的水平井整体开发区块,增产效果与水平井改造规模不匹配,与直井开发相比,水平井实际产量倍数小于单井控制储量倍数,造成单位长度水平段对产能贡献率低,区块整体采油速度、采收率低。

第二,水窜水淹井比例高、含水上升速度快;注水见效慢、见效井比例低。未来,超低渗透水平井区块将逐步进入高含水阶段,控水稳油难度越来越大,迫切需要对已开发典型区块进行解剖,明确低渗透油藏水平井开发规律,为后续开展水平井能量补充技术、复杂缝网条件下控水技术以及中后期开发调整技术等奠定基础,以实现超低渗透油藏水平井提高累积产量和增加经济效益这一根本目标。

超低渗透油藏启动压力高、吸水能力差,具有高束缚水饱和度、高残余油饱和度、两相共渗区窄等特征,开发难度更大,必须经过压裂施工改造才能有效地投入正常开发,维持油气田的正常生产。同时由于局部微裂缝发育,储层非均质性严重,裂缝系统的渗流能力可能是基质系统渗流能力的成百上千倍,导致投产后基质不能及时向裂缝供给流体,产量下降快,稳产时间短。

超低渗透油藏的一种重要的开发方式是注水开发,这种开发方式是常规低渗透油藏开发的延续,保留了其许多开发手段和基础技术,并针对其渗透特征和地质特征发展了更多的针对性技术。超低渗透油藏有显著不同于常规低渗透油藏的地质特征,导致流动压力梯度较高、启动压力高、吸水能力差。

超低渗透油藏在现场实际注水开发过程中,主要表现的问题是整体注入水波及系数低,储量动用程度低,原因在于在裂缝发育区注入水沿裂缝突进,造成油井含水上升快甚至水淹;在裂缝不发育区,因物性差导致注入压力高、水井欠注,难以建立有效的压力驱替系统。

(二)超低渗透油藏的水平井开发效果影响因素

水平井分段多簇压裂可以大幅度增加油藏泄流面积,使大量不可动储量变成可采储量,提高水平井单井产量,成为开发超低渗透油藏的有效压裂技术。

对于同一类储层,其渗透率、油层厚度和溶解气的含量变化不大,同时,水平井井网部署的时候井距和排距也基本一样。水平井开发效果影响因素主要从井网参数(主要是水平井长度)、注水技术政策(百米累注水量)和压裂改造参数(百米存地液量和百米加砂量)对水平井百米累产油和百米日产油的影响展开分析。

1. 开发效果与水平段长度的关系

水平段长度直接影响着油井的单井产能,合适的水井段长度能形成有效的驱替系统,进而最大限度地提高单井产能。

水平井水平段长度越长,单井两年累积产量越高;与同区域定向油井相比,第二年单井日产油量增产倍数越高。但随着水平段长度的增加,产量增加趋势减缓。

从矿场统计的水平段长度与满两年以上水平井百米累产油和百米日产油的结果来看,普遍呈现出水平段越短,百米累产油、百米日产油越大的规律。可见,当水平段长度增加时,虽然单井产量提高,但单位水平段长度对产量的贡献减小。由此可见,仅从水平井与周围直井或定向井的"增产倍数"并不能客观评价水平井的开发效果,还要关注水平井长水平段产量是否达到设计的要求,单位长度水平段是否达到设计的效果。

2. 开发效果与簇密度的关系

A油田M井区长8储层改造引入"体积压裂"理念,水平井全面推广应用水力喷射环空加砂分段多簇压裂工艺,以提高单井产量。

"压裂段数"是工艺上的概念,是施工过程中使用工具卡住长水平段其中一段距离,起到封隔作用,在段内进行射孔、压裂。而"压裂簇数"中每一簇是指一个射孔部位,这个射孔部位可能是 $0.5\sim1.0m$。目标区块采用分段多簇压裂进行改造,大部分井单段包含两簇,簇间距是不同部位的射孔位置之间的距离。

随着人工裂缝簇密度的增加,单井累积产量呈现先增加后下降的趋势,簇密度的合理值约为 3 簇/100m。

3. 开发效果与压裂工艺参数的关系

入地液量增加,体积压裂形成缝网的带长增加;排量增加,缝网的带宽增长。加大压裂施工规模,可以增大体积改造动用范围,提高开发效果。

研究区内水平井开发均满一年,根据试油数据,平均入地液量 4879.5m³,加砂量 446.7m³,排量 5.0m/min,分析压裂工艺参数与开发效果的关系。

入地液量增加,单井年累积产量增加。原因在于增加入地液量,地层压力提高,生产压差增大,产量增加。

结合单段入地液量、单段加砂量、排量与水平井年累积产量关系曲线,可以看出,加大单段压裂规模,采用大液量、大排量人工压裂,开发效果较好。

(三)水平井含水变化特征及主控因素研究

1. 压裂水平井产量递减规律分析

油气田产量递减可分为自然递减和综合递减。产量自然递减指上年老井无措施条件下的产量递减,产量综合递减指上年老井措施后的产量递减。

选择生产时间相对较长(24～59 个月)的水平井 78 口,按月统计和整理其生产数据,绘制产量与时间的关系曲线,分析动态特征。其中注意:①考虑到每个月的开井时间不同,即开井时率不同,月度累积产量不能正确反映井的产能。应当以每个月的平均日产油量为准,用每个月的累积产油量除以这个月的实际开井时间;②有些井在生产过程中实施过措施,产量大幅提高。对这些井进行分段分析,排除生产措施及生产制度的影响。

选取高、中、低产井中递减规律明显的三口典型井,总体上研究目标区块各类井产量递减规律。动态分析表明:高、中、低产三类井都在投产 6 个月以内产量达到最高,无稳产期或稳产期很短便进入产量快速递减阶段。可以看出,产能越低,递减率越大,产量递减越快。随着生产时间的增加,高、中、低产三类井的递减率变化越来越小并趋于一致,反映出超低渗透油藏压裂水平井产量递减的基本规律性。

2．水平井含水变化特征

（1）水平井含水分级。超低渗透油藏水平井见水对产量影响明显，重要采油期主要是在无水采油阶段和低含水阶段。因此，适合于中、高渗透油藏含水划分的标准并不太适用于低渗透油藏。

（2）含水上升类型。除去生产未满两年，以及从投产到目前含水处于不断下降阶段的井，筛选出油田的含水上升井，对其进行类型划分：①一直保持低含水/含水缓慢上升；②投产低含水之后含水突然上升；③投产含水较高之后含水快速上升；④投产即高含水。

3．水平井含水变化主控因素分析

压裂水平井见水主要来源于两部分：一是地层水；二是注入水。其中，注入水又包括水平井大规模压裂的存地液量、超前注水量以及生产过程中注水井注入水量。

井区经过大规模的压裂改造，注水开发后天然裂缝和压裂改造作用中形成的人工裂缝，加之超低渗透储层本身具有的微裂缝共同作用，形成复杂的裂缝系统。

裂缝相对于超低渗透的孔隙喉道具有更强的渗流能力，流体在裂缝中流动的阻力远远小于流体在孔隙中流动的阻力，因此水体优先沿着裂缝快速向前推进。由于存在高渗透带，注入水指向突进，油井含水上升速度快，甚至出现暴性水淹。因此，在进行井网优化设计时，要有利于发挥大规模体积压裂提高单井产量的能力，同时注水井不要与水平井人工裂缝正对或者排距太小，水平井注采井网补充能量由传统的定向井设计时强调主向、侧向同时驱替，转化为以侧向驱替为主，同时优化注水技术政策，从而降低裂缝性水淹的风险。

二、超低渗透油藏的井网密度优化设计

井网密度设计直接影响着注采井对超低渗透油藏水驱控制程度和水驱采收率，而且还与油藏经济效益相关。因此，们都需要对井网密度进行合理设计。井网密度、油藏特征、地层能量和地层流体性质从根本上决定了油藏采收率和经济效益。油藏开采随着井距减小，井网密度增大，水驱控制程度和油藏采收率将会逐渐增加，开发效果变好。

随着井网密度的升高，钻井成本投入亦会大幅度增加，会使经济效益变差。设计科学合理的井网密度，既要能够在注采井之间建立起一套高效的驱替压力系统,使井网对储层达到最大范围的控制,又要能够取得最大的经济效益。井网密度合理设计需要综合考虑油藏开发效果和经济效益。

(一)井网密度分类

井网密度具有两个层面的含义:①油藏含油面积内平均每口井控制的含油面积,也就是油藏含油总面积与油藏总井数之比,单位为 km^2/井;②平均单位油藏含油面积内的井数,单位为井/km^2。在我国一般采用概念②进行表述。井网密度同时对经济效益和开发效果具有影响,可以将其划分为以下两种:

1.经济井网密度

经济井网密度是指在一定油价和财税政策条件下,使油藏获得的经济效益达到最大化时的井网密度。经济极限井网密度是指在一定油价和财税政策条件下,油藏总产出和总投入相等时的井网密度,若此时井网密度继续增大,那么油藏生产将会出现负效益。经济井网密度是一个动态指标,它会随着油田的深入开发和经济技术条件的改变而发生改变。

2.技术井网密度

技术井网密度是指在目前开发技术状况下,使油藏取得较好的水驱采收率和开发效果时的井网密度,它没有考虑经济因素的影响。技术极限井网密度是指在目前开发技术条件下,刚好能使整个油藏注采井间的原油呈拟线性流动时所折算的井网密度,亦可以指在技术极限井网密度前提下在油藏区域井网刚好够有效控制覆盖范围内的开发区域,这主要是针对超低渗透油藏而言的。

(1)当油藏所布置的井网密度小于技术极限井网密度时,那么油藏布置的井网密度不能够有效控制整个油藏开发区域,即在注水井和采油井之间具有一些生产井不受控制,在注入水波及不到的原油滞留区,注采驱替压力系统无法在该区建立。

(2)当在超低渗透油藏所布置的井网密度大于技术极限井网密度时,注水井和采油井之间的井间距变小,井间距控制范围将会相互交叉,开发井网所覆盖范围内的含油面积就会有效启动,在注采井单元内形成了连续的流场,将不会留下开发"死角"。

(二)井网密度法影响因素

在超低渗透油藏中设计出的合理井网密度不仅能满足油藏快速开采的

需求,又要能够保证取得较好的经济效益。超低渗油藏井网密度的主要影响因素如下:

1. 经济效益

在超低渗透油藏中适当缩小井距、加大井网密度,不仅能够显著提高采油速度和采收率,还能产生非常好的经济效益。若无限制的缩小井距,加大井网密度,虽提高了采油速度和采收率,但是经济效益便会受到非常严重的影响。

当加大井网密度后超过了合理界限,经济投入便会增多,原油产出量减少,这样的油藏开采方式既得不偿失,又不科学合理。因而在进行井网密度设计时,我们的目标是既要有非常好的开发效果,同时又要在经济上具有最高效益。

2. 油井产量

在超低渗透油藏中,产油量与井网密度有着密切的联系,二者主要是通过注水井和采油井之间的井距相互联系。注采之间的井距对产油量影响非常大,有时会对产油量产生成倍的差异,当在超低渗透油藏中把井网加密调整后,单井产油量便会增加,采油速度逐渐提高,开发效果普遍变好。

在超低渗透油藏注水井和采油井采用大井距将会导致渗流阻力增大,注水井能量传递非常困难,便会在注水井底附近出现高压区,导致采油井得不到相应的所需能量,致使油藏压力出现大幅度降低。当缩小注采井距后,储层之间的连通状况亦会得到大幅度改善,渗流阻力降低,水驱效果得到提高,油井产油量于是得到了大幅度提高。

3. 采油速度

一套合理的井网密度需要满足油藏采油速度这一基本要求,需要在油田设施有效期限内将油藏可采储量的主要部分全部采出。由于在超低渗油藏中,储层条件非常差,作业次数较多,开发强度非常大,对油水井造成的损害也较大,开采时间不宜过长。并且,超低渗透油藏自然产能非常低,油藏采油速度对井网密度非常敏感。

按照我国超低渗透砂岩油藏开发条例,要求在 20~30 年内采出 70%~80% 的油藏可采储量,所以,超低渗透油藏初期采油速度都需要保持在 1.5% 以上。

4. 原油采收率

井网密度和最终采收率之间有着非常密切的联系,主要表现为缩小井距、加大井网密度之后,原油采收率便会显著提高。

5.水驱控制程度

超低渗透油藏油层存在着砂体分布范围小、连续性差等特点,在开发时若想要获得较高的水驱采收率,必须缩短注水井和采油井之间的井距,因为较大的井网密度能够提高井间油层的连通程度,这样才能提高油藏水驱控制程度。

水驱控制程度是指注水井注水能波及的油藏含油面积内所含储量与油藏总储量之比。一般在现场中往往采用注水井的连通厚度与油藏总厚度比值来表示。从开发超低渗透油藏所取得的经验来看,只有水驱控制程度达到 70%～80% 以上时,油藏才能具有理想的开采效果。因此,在对超低渗透油藏开采时,需根据不同油藏的特点,设计出一套合理的并能够满足水驱控制程度要求的井网密度,才能最大限度地开发出超低渗透油藏。

三、超低渗透油藏的水平井注采井网设计优化

(一)筛选水平井

筛选见效最好的水平井,可以按照以下标准:

(1)注采井网完整。

(2)水平井单段初期日产油大于 1.5t。

(3)投产时间大于注水见效时间,百米累产油及百米日产油大于水平井见效程度定量评价的产量下限。

(4)单井日产油保持稳定或者年递减最小。

(5)注水开发水平井中百米累产油和百米日产油达到最大。

(二)注采井网设计的认识及设计原则

超低渗透油藏水平井井网设计与传统低渗透油藏水平井井网设计表现出两大特征:①平井＋体积压裂采用逆向思维油藏工程水平井设计技术流程,应用裂缝监测技术,判定水平井压裂裂缝三维空间扩展范围,以此为基础进行水平井设计;②与传统水平井井网设计参数井排方向、井距、排距、水平段长度有所不同,超低渗透油藏水平井注采井网设计的技术参数包括:井排方向、井距、排距、水平段长度、布缝方式、人工裂缝段间距和、单段人工裂缝改造规模、注水技术政策、合理的初期产量这九项技术参数,水平井开发

效果的好坏取决于九个因素的最佳组合,不是仅由其中一个因素所决定的。长庆油田依据超低渗致密油藏水平井的开发实践,从不同改造规模下体积压裂后人工缝的监测结果、后期井网适应性评价和调整后的效果等总结方面,基本形成了井网优化设计的基本原则:

(1)井排方向(水平段的方向)与最大主应力方向垂直(人工压裂缝的方向与最大主应力的方向一致),有利于最大程度地发挥储层改造的能力,从而获得较好的开发效果。

(2)对于水平井最小单元注采井网,不要过分追求长水平段和初期产量,水平井水驱控制范围和缝网控制范围的比例,水平段长度的设计要有利于提高注采单元的能量补充水平,实现较长时间的稳产。

(3)井距等于人工压裂缝长,提高井间储量的有效动用程度,尽可能提高采油速度,特别是对厚油层。

(4)与储层特征相结合,人工压裂缝改造参数设计要有利于发挥工艺技术的最大能力;人工压裂缝段间距设计要基于目前工艺技术下人工裂缝呈条带状分布的基本认识,通过缩小段间距,实现人工压裂之间储量有效动用的思路。

(三)注采井网优化调整方向

1. 提高水平井初期产量

水平井水平段百米存地液量和百米加砂量越大,百米累产油越大。提高水平井初期产量,应改变以增加水平段长度为主的提高单井产量的简单做法,其核心是提高水平井单段产量(提高单位油藏面积上的累产油),也就是在目前工艺条件允许的范围内,尽可能提高单段存地液量和加砂量,扩大人工裂缝的规模和延长人工裂缝有效性时间。油田规模化开发应用相对成熟的压裂改造技术,在现有技术没办法实现很复杂缝网的情况下,依据人工裂缝呈条带状分布的认识,应通过人工裂缝之间段间距的优化,从而实现人工裂缝之间储量的有效动用,也为注水引效及提高累产油奠定基础。

2. 提高井网压力保持水平

提高井网压力保持水平,核心是提高水驱控制面积比,这一目的可以通过优化井距、水平段长度和排距来实现。

(1)水平井井距优化。为了实现建立水平井之间储量的有效动用和提高采油速度的目的,水平井合理井距为人工压裂缝半带长的两倍。水平井体积压裂井底微地震监测的裂缝带半长（目前主要是通过存地液量反算法尽可能剔除无效的微地震事件）一般 250～300m，因此井距确定为 500～600m；从前期现场压裂施工实施情况来看，没有发现有压窜的情况发生，依据微地震监测裂缝带长确定井距的方法适应性较好。而合理的井距有利于提高采油速度和最终的采出程度。

（2）水平段长度优化。注水补充能量水平井开发过程存在水驱和拟弹性溶解气驱两种驱替机理。两种方式在不同的区域分别占有主导地位：压裂缝间的区域由于相邻缝的屏蔽作用，主要靠拟弹性溶解气驱替；注水井与裂缝间的区域主要靠注入水驱替，水驱控制面积比例越高（自然能量控制面积比越低），水驱对产能的贡献率越高；也就是在井距和排距保持不变的情况下，水平段长度越短，水驱控制贡献率越高，见效特征越明显。

（3）水平井排距优化。排距优化的核心是缩短水平井见效周期，同时含水不能上升太快，主要采用矿场统计和油藏数值模拟的方法来优化。

随着注水井注水时间的延长，见效井含水呈现出低含水期，然后含水快速上升；为了延长低含水期，单井日注应控制在一个合理的范围。考虑到水平井都是大规模压裂后的注水补充能量开发，容易造成裂缝性水淹，因此应坚持小水量温和注水。同时为了避免在钻井过程发生溢流，水平井注采井网配套的注水井不单独进行超前注水，水平井大规模压裂的存地液量作为超前注水量。

（4）水平井合理工作制度。水平井合理工作制度包含合理的初期产量和流压两个方面，其核心是最大程度发挥溶解气驱能量。

水平井合理的初期产量根据存地液量、排距、超前注水和水线推进速度的关系来确定，初期产量下限为地层的供液能力，上限可以根据生产组织的需要灵活调整，但是不能出现生产气油比突然大幅上升。

一般情况下，水平井合理的初期产量不高于依据单段平均产量计算的水平井产量；借鉴定向井生产流压的取值经验，注水未见效前合理生产流压略大于饱和压力，注水见效后保持不低于饱和压力的 2/3；同时结合水平井动液面、日产气和生产气油比等动态参数及时调整。

四、超低渗透砂岩油藏水平井同井同步注采补能方法

鄂尔多斯盆地超低渗透油藏长 6、长 8 储集层具有岩性致密、孔喉细微、物性差、微裂缝较发育等特点。如何有效补充地层能量，实现水平井

控制区域的有效水驱,已成为超低渗透砂岩油藏开发面临的主要问题之一。

水平井稳产技术包括常规"点注线采"稳定注水、水平井注水吞吐、不稳定注水、水平井重复压裂、水平井暂堵转向重复压裂等。"点注线采"稳定注水是目前较为常规的注水方式,但驱替距离较长,水平段中部压裂缝难以注水见效;水平井吞吐、不稳定注水等可以形成不稳定压力场,提高波及系数和驱油效率,但多周期后效果逐渐变差;水平井重复压裂可增加改造体积同时又可补充地层能量,可提高地层能量 10%~30%,但有效期较短(6~9 个月)。

同井注采最早应用于海上油田高含水油井,目前尚未见超低渗透油藏开展水平井同井同步注采试验方面的报道。致密油多级压裂水平井同井注采的可行性,通过数值模拟研究了不同驱替介质和开发方式的开发效果,认为同井注采具有产量高、稳产期长、采出程度高等优点。

针对超低渗透油藏开发面临的问题及目前水平井稳产技术的缺点,本文提出了超低渗透油藏水平井同井同步注采补能方法,指出了其技术优势,并进行可行性分析,对注采参数进行优化并进行矿场实践。

(一)同井同步注采原理

水平井同井同步注采是在同一口水平井上采用封隔器、密封插管等工具,实现部分压裂缝注水,部分压裂缝采油。其工作原理是选取其中一条或几条压裂缝作为流体注入通道,油套分注技术与分段封隔技术相结合,在水平井水平段内将注入裂缝与相邻的采油裂缝封隔,注入流体从油套环空进入指定压裂缝驱油,原油流入封隔器后的采油裂缝,随后进入油管采出,即在同一水平井内形成分段同井同步注采系统。

水平井同井同步注采可分为单段注多段采、多段注多段采等方式:单段注多段采方式(逐段同井注采)一般采用根部射孔段注水,趾部方向射孔段采油,采油段水淹后封隔点逐次向趾部下移,直至所有射孔段全部水淹后结束;多段注多段采分为奇注偶采或奇采偶注,注水段与采油段相互交错,多段同时驱替,波及范围广,见效快。

理论上同井注采驱替方式可以由过去的点状注水转变为线状注水,由传统的井间驱替转变为水平井段间驱替;在注水量相同的情况下,注水压力降低,有利于避免注水过程中发生天然裂缝的二次开启,降低裂缝性水淹风险;同时将人工裂缝缝间的区域由弹性溶解气驱转变为水驱。

(二)水平井同井同步注采试验参数优化

1.水平井人工裂缝段间距

长庆油田超低渗透油藏水平主应力方向约为北偏东75°,与砂体展布方向一致,主力油藏水平井水平段延伸方向与砂体长轴方向垂直。地质研究与单砂体精细刻画表明,采用水平井开发的油藏大部分单砂体展布规模较小,宽度主要为50～110m。超低渗透油藏五点法水平井注采井网排距基本为100～180m,说明部分超低渗透油藏井网适配性较差,难以对地质储量形成有效控制,更难以建立有效的驱替系统。

根据单砂体展布规模、天然裂缝的影响,水平井注水段应选择天然裂缝方向与人工裂缝方向一致或天然裂缝不发育的油层段,同时结合AP122水平井重复压裂试验与微地震解释结果,同井同步注采段间距取60～80m比较合理。

2.合理注采参数

裂缝的存在和发育程度直接影响油井的合理注采,因为裂缝具有一定的方向性,不仅是油气的主要渗流通道,还在注水开发中具有明显的"双重"作用:裂缝的存在改善了超低渗透储集层的渗流能力;天然裂缝的存在加剧了超低渗透储集层的非均质性,尤其是当注水压力超过裂缝开启压力时,天然裂缝将张开、延伸、扩展,注入水沿裂缝快速流动,油井过早见水或水淹。因此,水平井同井同步注采最大的难点就是确定合理注水压力界限,避免因注水压力过高造成天然裂缝大规模开启。

(1)合理注入压力。计算天然裂缝开启压力的理论公式较多,但所需参数较多,且部分参数获取困难。现场有大量且连续的产量、压力等生产数据及动静态监测资料,利用现场资料判断裂缝是否开启具有一定的优势。注水井吸水指示曲线拐点处对应的注入压力即为天然裂缝开启压力或地层破裂压力;根据水平井投产时压裂施工曲线上的最高压力也可确定地层破裂压力。同井同步注采的注入压力可采用吸水指示曲线、压裂施工曲线与动态资料等综合确定。

(2)合理日注水量。现场生产资料丰富,合理日注水量可根据动态数据确定。通过对比超低渗透储集层与已开发且效果较好区块的主要物性参数,可借鉴确定未开发区块的合理日注水量。另可根据储集层物性,借鉴已开发区块水平井配注方面的成熟经验,采用油藏数值模拟方法,建立单井模型,优化注水参数,确定超低渗透砂岩储集层水平井同井同步注采的单井日注水量。

（3）合理配产。超低渗透砂岩油藏水平井配产可以参照该数据，根据水平井改造段数进行折算，生产过程中根据产气、含水等动态参数实时调整。

（三）水平井同井同步注采工艺

水平井同井同步注采工艺由井下工艺管柱和地面智能防喷系统组成。井下工艺管柱由 Y445 封隔器、抽油泵、油管锚、扶正器和筛管丝堵等组成。该工艺管柱设计最大注采压差 50MPa，室内测试证实在 120℃、50MPa 压差条件下，封隔器和密封插管密封良好。

井口智能防喷装置由抽油杆防喷器、液压控制阀、配套盘根盒、取样口、液压控制系统和控制柜组成，可实现井口智能防喷：当井口压力超过 4MPa 时，系统自动停注、停抽、关闭防喷器并报警。

水平井同井同步注采补能方法可缩小注入端与采出端的距离，快速建立有效水驱驱替系统，可实现井间驱替向水平井段间驱替的转变，同时将点状水驱改变为线状水驱，大幅提高水驱波及体积，缩短见效周期。

超低渗透砂岩油藏水平井同井同步注采，注水段应选择天然裂缝方向与人工裂缝方向一致或天然裂缝不发育的层段，段间距 60～80m。

水平井同井同步注采除控制注入压力外，采用周期注水可降低随注水时间的延长注水压力逐渐上升导致的地层天然裂缝开启、生长或地层破裂风险。

水平井同井同步注采补能方法可有效提升单井产量且经济效益良好，可大规模应用于超低渗透砂岩油藏的开发。

第六章　海上低渗透油田及其有效开发

第一节　海上低渗透油田的特点与影响因素

"海上新开发油气田中,低渗透油藏储量所占比例越来越大。与陆上低渗透油田相比,海上低渗透油田的开发更具有挑战性。"[①]随着科学技术的不断发展,油田的领域也在迅速发展。开采海上低渗透油田时,应在深入研究油藏的地质特征基础上,积极面对技术难点,有机结合陆地上低渗透油田的开发经验,选择适宜的相应的技术对策,提升开采效果。

一、海上低渗透油田的特点

近年来,陆地上发现了越来越多的低渗油田储量数量,进而也使低渗透油田的产量日益增长,已经能够作为中石化以及中石油重要的产量增长点。随着不断加深海上的勘探程度,逐渐发现了更多的低渗透油田的储量和数量,进而使低渗透油田产能在总产能中的占比日益提升。

海上低渗透油田有着储量相对集中分布的明显特征,大部分分布在南海西部以及渤海海域,都有着中低丰度的储量丰度。中高渗储量和低渗储量在空间上呈现了间互分布的情况,提供了低渗储量的接替或依托有利的地质条件。

由于储量品质具有差中有好的特点,进而给油田开发提供了目标,如WZ11-7油田中有着相对较好物性的、厚且居中储层的4N-6砂体。海上低渗透油田有着多种多样的储层成因,主要含有海相低以及陆相低渗透砂岩油藏这两类。海上低渗油田的油藏特点为埋深,大部分都是中深埋深,基本

---

① 曾祥林,梁丹,孙福街.海上低渗透油田开发特征及开发技术对策[J].特种油气藏,2011,18(2):66—68.

都在 2000m 以上。岩性和构造可以影响油藏类型,致使原油基本都有较好的流体性质。

二、海上低渗透油田的主控因素

随着海上优质油气储量资源的动用及开发力度的不断加大,海上低渗透储量的有效动用越来越紧迫。但有效动用和高效开发海上低渗透油田既要克服陆地低渗透油田出现的一系列普遍问题,也要克服海上低渗透油田生产环境导致的各种制约问题。

(一)普遍问题与控制因素分析

表 6-1[①] 给出了海上低渗透油田基本情况,海上低渗透油田主要分布于渤海和南海,共有低渗透油田 12 个,探明储量 1.6 万方(占总探明储量 5.3%),年产量 60.2 万方/年(占总年产量 1.6%),预测采收率 8%,远低于全国同类油藏平均水平。海上低渗透油田存在储量规模小、埋藏深、物性差、非线性渗流等特点,海上低渗透油田有效开发面临巨大的挑战。

表 6-1　海上低渗透油田基本情况

沉积相	油田	探明储量（万方）	渗透率（mD）	开发井数（口）	年产规模（万方/年）	采油速度（%）
陆相	B	5649	1.90～14	14	17.6	0.31
	BZ34-2/4	660	0.6～5.6	3	L5	0.23
	QK18-2	308	45	5	1.7	0.55
海相	WC13-2	472	9.2～55	6	16.0	3.37
	WC14-3	94.5	7	1	0.2	0.21
	WZ11-1	587	40	2	2.2	0.37
	LF13-1	472	10～100	8	10.4	2.20
	HZ19-1	231	7.6～50	2	5.0	2.16
	HZ19-2	321	1～18.1	2	4.8	1.49
合计		8794.5		43	60.2	0.68

---

① 本节图表均来自徐文江.海上低渗透油田有效开发模式与理论研究[D].成都:西南石油大学,2016:10-18.

(1)油田规模小。陆地油田储量规模小于 500×10^4 t 的油田也属于小油田,但因前期工程成本低,陆地小油田仍然可以形成独立有效的注采井网进行高效开发。海上探明的 12 个低渗透油田中,除 B 油田规模较大外,其余各油田规模都较小,难以采用独立的钻采平台进行高效开发。

(2)储层埋藏较深,大部分油田储层物性差、非均质性强。海上低渗透油田具有随埋藏深度增大、储层渗透率下降、开发难度加大的趋势。

第一,12 个低渗透油田中,仅南海珠江口盆地属于海相沉积环境的珠江组和珠海组,储层属于砂泥岩夹层,其埋藏深度小于 2000m,渗透率以30~50mD 为主,储层连通性好,天然能量充足,但储量仅占整个低渗透探明储量 5% 左右。

第二,渤海湾盆地沙河街组的沙二段、南海北部湾盆地涠洲组和流沙港组上部的低渗透油田,地质储量占整个低渗透探明储量的 69%,其埋藏深度 2000~3300m,渗透率 10~50mD,这部分低渗透油田属于陆相沉积,天然能量不足。

第三,渤海湾盆地沙河街组的沙三段、流沙港组的下部以及南海珠江口盆地的恩平组的低渗透油田,地质储量占整个低渗透探明储量 26%,其埋藏深度大于 3300m,渗透率 1~10mD。

(二)特殊问题与控制因素分析

"低渗透油藏具有应力敏感性强、启动压力梯度等非线性渗流特征,对油井产能的预测也因此变得十分困难。"[1]受环境或开发条件的影响,海上低渗透油田开发面临以下特殊问题与主控因素:

1. 开发成本高

海上油田开发主要成本包括:①建产成本,即油田投产前要完成的平台建设、钻完井工程、设备安装、海底管线及终端等各种开发工程项目的工程投资和钻完井投资;②生产作业成本,即油气生产过程中对油(气)水井作业、维护以及相关设备设施生产运行而发生的经营性成本,主要包括人员、直升机、供应船、油料、信息通信气象、维修、油气水处理、油井作业、物流港杂、油气生产研究、保险及统征上缴、健康安全环保、租赁等费用。

(1)建产成本高。由于处于海水腐蚀环境以及容量有限,各种建产成本

---

① 顾永华.海上埕岛油田低渗透油藏压裂井产能模型研究[J].科学技术与工程,2015,15(34):22—26.

比陆地油田高很多。陆上低渗透油田可实现多井低产开发模式,同为陆相沉积的低渗透小油田,每万吨产能建产成本仅为海洋石油的40%。比海上普通油藏更高的开发成本是海上低渗透油藏有效开发的主控因素和基本矛盾之一,这是制约海上低渗透油田有效开发的关键因素之一。

(2)生产作业成本和油井废弃产量高。海上油田的生产成本比陆地油田高很多,单井作业成本高且具有逐年增加的趋势,高的生产作业成本导致了较高的油井废弃产量。

(3)原油价格相对较低、没有税收优惠、企业经营内部收益率约束。国家目前没有针对海上低渗透油田高成本开发制定出的税收优惠政策,这对海上低渗透油田的开发有着重要的影响。此外,作为企业的油田公司,在油田生产实践中,也要追求合适的企业经营内部收益率。以20世纪70年代发现的B油田为例,即使在80美元/桶相对高的油价下,也难以满足较高的内部收益率要求,严重影响了低渗透油田有效开发,导致该油田至今还未全面有效投入开发。

2. 储层流体流动困难和储量有效

油田开发周期短、大井距开发造成储层流体流动困难和储量有效动用难度增大。由于处于海水腐蚀环境,海上平台寿命一般为25~30年,且因容量有限,每个平台上的井口槽不会超过25~40口,因此,充分利用有限平台开发尽可能多的油气资源是不得不选择的开发模式。海上油田实际有效开发时间往往只有15~20年,大量实施废弃井同层侧钻、同一油藏和不同油藏的跨层侧钻是海上油田开发的常规措施,这就导致地层中每个开采点的有效开发时间很短(相对陆上油田而言),如何实现地层中每个开采点的高速开发是制约海上低渗透油田有效开发的另一关键因素。

而大井距开发造成储层流体流动困难和储量有效动用难度增大:①根据陆地低渗透油田采收率较低的开发经验,要实现海上低渗透油田平均单井开发指标;②高的单井控制储量需求不可避免地要求海上油田采用"大井距"开发,但"大井距"开发需求与低渗透储层存在渗流启动压力梯度客观规律之间的矛盾,会造成低渗透储层流体流动困难,难以有效动用;③海上油田已探明开发的低渗透储量90%以上属于砂泥岩互层的陆相沉积,具有油藏物性差、油层薄的特点,加大了低渗透储量有效动用难度;④为保证油井具有$80m^3/d$以上的初期产能,一般要射开多个油层进行合采,但层间物性差异会加剧层间干扰,不仅影响部分小层产能发挥,还会进一步加大这部分储量的有效动用难度。

因此,开发周期短、大井距开发造成平面及纵向波及效率不高、储量动用难度增大、储量动用程度低是海上低渗透油藏有效开发的又一主控因素。

3. 工艺难度大、存在难动用储量

要实现每个海上平台在极其有限的空间上控制和有效开发尽量多的含油面积,绝大多数油井需采用定向井或定向水平井。大型油田可采用独立平台开发,但中小型油田则只能依托平台开发。平台与目的层之间的空间范围内可能有大量特殊井型井眼轨迹复杂共存,不仅增大了侧钻井井眼轨迹控制自身的难度,也增大了每口井的各种工艺措施难度,同时也可能会因平台位置不合适以及受油井水垂比限制的影响,超出平台控制范围之外的区域将存在难动用储量。这是制约海上低渗透油田有效开发的又一关键因素。

4. 难以建立有效驱动体系

海上低渗透油田多采用不规则大井距(一般为 300~600m)的开发井网,渗流阻力大、储层连通性差以及井网不完善,导致海上低渗透油田难以建立有效的驱动体系,或者注水井井底压力高、注水井能量扩散速度慢,产生难以维持注采平衡的矛盾。

第二节 海上低渗透油田的储量品质评价体系

海上油气田开发是一项高投入、高风险的投资活动。受海洋开发环境的影响,海上油田的开发成本往往是陆地油田的数倍,对于油田的开发,储量品质直接影响油田的投资、成本、经济效益,所以储量品质决定着油田是否具有开发效益。而储量品质受地理条件、地质条件、油气性质、油气价格、开发工艺水平以及国家税收政策等诸多因素影响。不同的企业、不同开发时期、不同的油气性质、不同的储层物性及分布,其开发经济效益是不同的。

一般来说,储层物性好、储量丰度高、油藏埋藏浅、原油性质好的油田,开发投资少、运行成本低、油井产量高、开发效益好。相反,储层物性差、储量丰度低、油藏埋藏深的油田,开发投资高、运行成本高、油井产量低、开发效益差,甚至不能开采。因此,海上低渗透油藏的储量品质评价就显得十分重要。

针对国内储量品质评价体系在海上低渗透油田应用中表现出的不适用性,以下针对海上低渗透油田建立起储量品质评价标准。在储量品质评价因子的选取上,部分继承陆上油田经验,同时根据海上低渗透油田实际情况,增加了部分评价因子,并对原有的储量品质评价因子进行了重新分析。根据储量品质影响因素的不同,把储量品质影响因素分为以下类型:

一、海上低渗透油田的储量规模

对于海上油田而言,其储量规模对开发成本的影响主要体现在储量规模对平台建设成本的分摊影响。当一个油田的储量规模较小时,由于生产设施建设成本较高,为之建造独立的生产设施将面临巨大的投资回收风险;如果储层其他储量品质因子较好,则可能依托周边油田的生产设施,以使该区块的储量得到经济有效动用,但由于海上油田钻完井成本也较高,因此油藏即使有很好的储层物性与流体物性,仍然存在开发效益不理想的问题。鉴于储量规模与储层品质的密切相关性,以一个平台可控储量为基础对储量规模进行评价。

储量规模里看似只包含了储量规模,其实是潜在包括了钻井平台等工程因素在内,当储量规模偏小时,需考虑侧钻引起钻井成本增加的问题。

二、海上低渗透油田的储量分布

储量分布包括储量在平面上的分布和纵向上的分布。与储量分布密切相关的一个工程概念是储量丰度,从储量丰度可知,储量的分布与储层的含油饱和度、储层的孔隙度以及砂层的厚度有关。

在水力压裂水平井纵向最多连通70m条件下对储量品质进行评价,而隔夹层的出现使得砂体的品质下降,所以对储量分布进行评价应该包括三大部分:一是储层孔隙度;二是油井控制的砂体厚度;三是反映储层砂体质量的净毛比。

三、海上低渗透油田的储层渗流特性与产能

储层的渗流特性与储层渗透率有密切关系。而油井的产能不仅与油藏的渗透率相关,还与储层的分布等相关,在储量分布中已经对其进行了评价,因此对产能的评价不涉及储量分布相关指标。此外,由于产能受到井网井型以及生产制度等多重因素制约,该类的评价参数可引入流度参数,流度

不仅反映了储层的渗透能力,也反映了流体特征,用于储量品质评价具有重要意义。

四、海上低渗透油田的油藏埋深

目前的储量品质评价体系在产能评价中考虑了埋藏深度,而在后面又提出了埋藏深度这一概念,因此存在重复。原有评价体系在产能中加入深度这一概念主要是考虑到生产成本的影响,而对海上油田而言,油藏的埋深对储量品质的影响更多在于其钻井成本的增加。由于海上油田中钻井成本所占比例很高,因此该评价参数不可或缺。

第三节　海上低渗透油田的有效开发策略

实现海上低渗透油田有效开发,解决面临的各种问题,不仅应加强地质油藏基础研究,攻关新技术、新工艺和新方法,还应积极地争取国家相关优惠政策,开辟海上低渗透油田先导试验区,探索海上低渗透油田开发投资的新模式。

一、以地质油藏为核心,开发技术与经济条件有机结合

处于边际效益的油田,消除失误井、减少低效井是确保海上低渗透油田有效开发的重要前提之一,而强化地质油藏基础研究是实现该重要前提的基础。相对于陆地油田而言,海上低渗透油田,尤其是储量规模较小的低渗透油田,不可能有太多的资料评价井,在资料缺乏的条件下,如何有效应用有限的地质油藏资料,从宏观、微观、产能、动态特征等方面认清地质油藏特征,成为海上低渗透油田能否实现有效开发的关键。强化地质油藏基础研究应摸清油藏品质、优化注采井型井网,开始室内实验分析等工作。在此基础上,要结合海上油田开发条件,把开发技术、经济条件有机结合,寻找利用有限的开发井建立有效注采、控制油藏储量的有效方法。

(一)整体把握油藏品质

(1)利用高分辨率三维地震资料、钻井录井资料、测井资料等精细解释

油藏构造特征,从整体上把握低渗透油田的好坏。

（2）综合利用地质、地震、钻井、测井、测试、分析化验等各种资料,精细刻画储层沉积相、储层平面分布、储层连通性和非均质性,优选油田相对富集区块。

（3）当渗透率差异不大时,应优先开发"宏观构造简单、构造规模大、构造完整、储层平面分布越稳定、非均质性相对较弱、连通性相对较好"的低渗透油田。

（二）优化注采井型井网

（1）合理井网部署方案是开发低渗透油藏的基础和关键,应根据油藏特点建立有效驱动体系和较大驱动压力梯度,合理缩小井距、加大井网密度。

（2）应用露头和岩心观测、常规测井和成像测井、地应力测定和地质建模等技术,预测低渗透储层地应力方向及地应力参数;同时,为避免注入水沿天然裂缝或者人工裂缝方向突进,注采井连线应与地应力方向保持一定的夹角,并尽可能利用人工裂缝扩大波及体积。

（3）当出现有效驱动体系与单井最小控制储量矛盾时,应确保形成有效驱动体系和单井最小控制储量平衡的特殊注采井型、注采方式和压裂规模需求等。

（4）研究地下储层潜在裂缝分布特征及对压裂、注采井网的影响,研究不同注采井网下储量可动用程度以及水的波及效率。

（5）开展油井侧钻方位、侧钻水平段长度、侧钻时机等研究,尽量减少边际储量损失程度,为实现单井最低累产增加物质基础。

（6）利用核磁共振技术研究低渗透储层可动流体饱和度及其分布情况,精确开展各种分析化验实验,确定低渗透储层的驱油效率,准确标定油藏采收率;研究在注入水中添加化学剂提高波及效率和驱油效率的可行性和效果等。

（7）在强化地质油藏研究的同时,要把压裂增产技术、水质处理和能量补充等配套工艺技术有机结合,并充分考虑海上油田开发的建产投资和生产期运营成本,将这些重要影响因素系统化地关联在一起,才可能提出海上低渗透油田有效开发的突破方法。

二、将成熟技术与海上开发条件相结合,加强技术攻关

（1）陆上低孔低渗透油田开发已形成配套成熟的工艺技术。针对低渗

透储层地质特征和非达西渗流特征,国内外石油工作者经过大量研究后初步形成了以油藏储层改造投产为主体,有效实施注水开发和改善开发效果的配套新技术,并在国内各大油田,尤其是长庆、吉林、新疆、中原等地的油田进行了推广应用,获得了明显的经济效益。

(2)受限于海上平台环境影响,海上常规油田开发多采用大斜度定向井和水平井开发模式,这些井型的钻完井工艺技术、储层改造技术等已相当成熟。但对低渗透油藏而言,因储层低孔低渗特点,目前只能采用一般的大斜度定向井和水平井开发模式。这就需要攻克长水平井、侧钻水平井、分支井(甚至鱼骨刺井)等特殊井型的钻完井工艺技术、储层保护技术、多级压裂的储层改造技术、地层能量有效补充等各种工艺技术。

1)尽量采用水平井和分支水平井开发低渗透油田。在认清地下构造和储层分布特征基础上,尽量采用水平井或多分支井开发,不仅能减少开发井数,获得较高单井初期产能,而且有利于减少近井地带驱动压力损失,减轻储层非均质性和连通性对生产的影响,延长单井的稳产期。

2)逐步推进油藏整体压裂开发。低渗透油田多数需要通过人工压裂改造才能高效经济开发,压裂后在地层中形成的裂缝,不仅改善了储层的连通性和渗流能力,降低了近井地带驱动压力损耗,有利于建立有效注采系统,达到使油井初期产能超过 $80m^3/d$ 的目的;而且还可以提高控制储量的动用程度,为实现平均单井累产目标提供物质基础。从定向井压裂过渡到水平井甚至分支井多级压裂,可实现"稀井网、强驱油"开发效果。

3)有效补充地层能量。

第一,对于低压或常压的天然能量不足的低渗透油藏可考虑超前注水,以降低因地层压力下降引起的渗透率伤害。

第二,充分利用天然能量,适时补充能量开发。①低渗透储层应力敏感性对油井产能的影响更强,对异常高压油藏油井压裂后获得的较高产能的影响程度尤其明显。因此,对于异常高压油藏,需要在有效补充能量和防止严重应力敏感下充分利用天然能量开发之间寻求平衡点。②开展平台环境下的注入水水质处理工艺技术研究,确保与地层配伍的合格水质进入地层;开展水井酸化增注、小型压裂增注、电潜泵增注、高压注水等工艺技术研究,确保注好水、注够水,保证注采平衡。

三、建立先导试验区，探索油田开发的投资模式

由于海洋石油开发具有高风险、高投入等特点，大规模动用低渗透油气储量无疑进一步加大了经济风险，建立先导试验区是有效控制风险的重要措施。通过海上低渗透油藏先导试验工作，不仅可以取得更多的油藏静态和动态资料，还可以提高对海上低渗透油田的开发认识并暴露技术应用的各种矛盾，及早研究对策，指导技术的规模化应用。

（一）建立先导试验区

先导试验可以针对海上准备开发的低渗透油田或在油田开发过程中提前选择地质条件有代表性和地面条件比较有利的地区划出一小块面积而进行矿场试验。先导试验有两个重点：一是在研究阶段多花时间、精心设计，避免盲目施工和投资；二是扎扎实实通过精心施工来实现技术的成功应用，并取得相关试验和认识。

（二）探索油田开发的投资模式

在先导试验取得开发认识基础上，可以针对不同海域、不同油藏的特点，不拘泥于固定模式，因地制宜开发。例如：储量规模极小时，无法建立有效注采系统的，可考虑在油田开发后期挖潜开发；储量规模稍大的，除了调整井侧钻开发外，还可以利用剩余井槽钻新井进行风险开发；储量规模较大的，则有机会采用依托开发或独立开发模式。但无论哪种开发模式，都需要将地质油藏、开发技术、投资条件等有机结合，优选最有利的开发模式和投资方法。我们也要看到，积极推进低品位油田开发理念，尽可能争取国家优惠税收政策也非常重要。

石油行业发展的特殊性决定了油气税费具有与其他行业税费所不同的自身特点。世界上许多国家都专门针对石油税制出台了不同的政策，对于那些需要利用高成本的三次采油新技术开发的油田和低品位油气资源，一般采用有利于推广新技术和资源有效开发的优惠政策或免税政策。与国外石油行业的税收政策相比，国内现行税费制度对石油行业（尤其对海洋石油行业）的特殊性考虑欠缺，主要表现在以下三个方面：

第一，针对石油行业开发低品位油气资源，尤其是海上低品位油气资源所具有的高风险性，目前还缺少相应的优惠政策。油气资源勘探是一项高投入、高风险的投资，受地下情况多种复杂因素影响，有时候的勘探投资规

模与储量发现规模不一定成正相关性,甚至会出现"无任何经济回报的现象"。加上海上油气资产的弃置费用高,而企业所得税并没有规定企业可以计提油气资产弃置准备金,这势必对弃置当期的企业利润产生影响。

第二,缺少与石油行业开发低品位油气资源周期性相适应的优惠政策。油气田开发一般都要经历上升期、稳定期和递减期三个阶段。不同的开采阶段,生产成本差异很大。目前企业所得税制度基本不变,没考虑油气田开发阶段的差异,这样就导致油田开发在稳产期超额营利而在开发后期却亏损生产的现象。考虑到我国石油资源越来越依赖进口的状况,现行税收政策明显不利于石油资源的有效利用。

第三,缺少鼓励开发低品位油气资源的优惠政策。不同类型的油气资源开采工艺技术和成本差别很大,为了充分开发利用各类油气资源,国家应对那些开采难度大的油气资源制定相应的税费优惠政策,以利于提高石油资源的动用程度。

针对海上油田勘探开发的特点,在了解国家税费政策的基础上,企业应该从这些方面尽量争取优惠政策:①制订鼓励勘探增加油气储量的税收优惠政策;②制订低品位储量和尾矿开采税收优惠政策;③依据不同开发环境和开发条件制定差异化的税收政策。

作为保障国家能源安全的海上石油,除了从企业利润角度评估低品位石油资源开发可行性外,还应从国家资源的有效利用、企业应承担的社会责任和产出原油的社会价值等多角度,认真研究低品位石油资源可开发下限标准。

结束语

随着经济的发展和科技的进步,我国的油田开采技术得到了显著的提升。加强科学研究和实践探索的力度,是真正提升我国石油开采能力和促进我国石油产量的整体提升的关键。

低渗透油田虽然具有基本特性,但在进行具体采油过程中,需要做到因地制宜的效果,需要结合特殊条件与采油条件的需求,对各项新技术进行充分的利用,从而获取非常关键性的信息,保证信息能够做到及时性和有效性以及正确性,进而为低渗透油田采油工作的开展提供有力依据。

参考文献

[1]曾祥林,梁丹,孙福街.海上低渗透油田开发特征及开发技术对策[J].特种油气藏,2011,18(2):66—68.

[2]陈欢庆,李顺明,邓晓娟.低渗透油田精细油藏描述研究进展[J].科学技术与工程,2018,18(32):129—142.

[3]樊建明,屈雪峰,王冲,等.超低渗透油藏水平井注采井网设计优化研究[J].西南石油大学学报(自然科学版),2018,40(02):115—128.

[4]巩权峰,魏学刚,辛懂.油田堵水调剖剂的研究进展[J].石油化工应用,2021,40(01):10—13.

[5]谷开昭,郭海萱,张富仁,等.低渗透油田油层保护完井管柱的研究应用[J].石油钻采工艺,1997(02):88—91+102—110.

[6]顾永华.海上埕岛油田低渗透油藏压裂井产能模型研究[J].科学技术与工程,2015,15(34):22—26.

[7]郭粉转,席天德,孟选刚,等.低渗透油田油井见水规律分析[J].东北石油大学学报,2013,37(3):87—93.

[8]海涛.智能油田研究与技术发展及趋势探讨[J].中国石油和化工标准与质量,2020,40(15):226—227.

[9]蒋维东,吴艳华,马庆喜.低渗透油田开发的规划优化[J].油气田地面工程,2014(2):17—18.

[10]康新荣,胡淑娟.智能开采资料分析新技术在老油田的应用[J].国外油田工程,2008(10):1—4.

[11]李道品.低渗透油田开发决策论[M].北京:石油工业出版社,2016.

[12]李恭元.油井清蜡方式探讨[J].化工管理,2019(27):211—212.

[13]李良帮,宋草根,吴中贵.微生物清防蜡技术在文南油田的应用[J].长江大学学报(自然科学版),2019,16(01):56—58+7.

[14]李永宏.低渗透油田采油技术综述[J].中国化工贸易,2015(7):202.

[15]刘凤林,刘伸勤,周浪花,等.浅谈玻璃钢管道的维护施工工艺[J].化工设计通讯,2017,43(09):96.

[16]刘广涛.油田勘探开发过程中的油层保护措施[J].化工管理,2018(30):66.

[17]刘今子.低渗透非均质油藏构型参数反演理论方法[M].北京:冶金工业出版社,2018.

[18]刘丽华.低渗透油田抽油机的选型原则[J].油气田地面工程,2009,28(12):38—39.

[19]刘玮玮.低渗透油层物理化学采油技术综述[J].中国化工贸易,2017,9(7):72.

[20]刘学.低渗透油田油气集输及脱水技术[J].油气田地面工程,2003(09):30.

[21]刘雪芬.超低渗透砂岩油藏注水特性及提高采收率研究[D].成都:西南石油大学,2015:1.

[22]陆水青山.影响油田堵水调剖效果的因素分析[J].云南化工,2020,47(03):183—184.

[23]罗中元.微生物清防蜡技术在黄场油田的应用[J].江汉石油职工大学学报,2012,25(03):38—40.

[24]齐银,白晓虎,宋辉,等.超低渗透油藏水平井压裂优化及应用[J].断块油气田,2014,21(04):483—485+491.

[25]师明霞,姚坚,范婧,等.低渗透油田采出水回注标准探讨[J].工业安全与环保,2022,48(2):78—82.

[26]石凯.微生物清防蜡技术在SD油田的应用[J].石化技术,2019,26(11):42—43.

[27]苏玉亮,郝永卯.低渗透油藏驱替机理与开发技术[M].东营:中国石油大学出版社,2014.

[28]汪洋,程时清,秦佳正,等.超低渗透油藏注水诱导动态裂缝开发理论及实践[J].中国科学:技术科学,2022,52(04):613—626.

[29]王晶,刘俊刚,李兆国,等.超低渗透砂岩油藏水平井同井同步注采补能方法——以鄂尔多斯盆地长庆油田为例[J].石油勘探与开发,2020,47(04):772—779.

[30]吴华晓,刘义刚,尚宝兵,等.油井清防蜡工艺在渤海油田的应用[J].长江大学学报(自科版),2016,13(17):67—70+7.

[31]肖驰俊,张军峰,蔡俊丽,等.牛庄低渗透油田油层保护酸化技术[J].油气田地面工程,2003(07):79.

[32]易绍金,钱爱萍,周慧.微生物清防蜡技术在新疆油田采油二厂的矿场应用[J].石油天然气学报,2012,34(10):129－132＋171.

[33]张博,韩阿维.低渗透油田超前注水技术研究及应用[J].中国石油和化工标准与质量,2021,41(15):169.

[34]张顶学,廖锐全,杨慧.低渗透油田酸化降压增注技术研究与应用[J].西安石油大学学报(自然科学版),2011,26(02):52－55＋119－120.

[35]张金焕.清防蜡技术在华东油田的应用[J].石化技术,2016,23(05):246.

[36]张起翡,张昭,曹开开,等.低渗透油田注水开发的生产特征及影响因素[J].化工设计通讯,2019,45(01):47.

[37]赵国忠,李美芳,郑宪宝,等.低渗透油田注水开发外流水量评估方法[J].大庆石油地质与开发,2020,39(4):48－52.

[38]赵欢.采油工程技术及采油智能化趋势的研究[J].化学工程与装备,2022(04):143－144.

[39]赵雪峰,李福章.大庆低渗透油田地面工程简化技术[M].北京:石油工业出版社,2014.

[40]赵延茹,梁伟,赵晓红,等.油田堵水调剖技术研究进展与发展趋势[J].内蒙古石油化工,2011,37(21):117－121.

[41]邹江滨.大庆西部外围低渗透油田微生物采油技术研究[D].北京:中国地质大学,2007:1.